數位新知———著

Python
程式設計的
12堂必修課

五南圖書出版公司 印行

序

程式設計是一門和電腦硬體與軟體息息相關涉獵的學科，稱得上是近十幾年來蓬勃興起的一門新興科學。由於現在是行動裝置充斥的世代，讓人人擁有程式設計的能力，已是國家教育政策的重點方向。甚至教育部都將撰寫程式列入國、高中學生必修課程，讓撰寫程式不再是資訊相關科系的專業，而是全民的基本能力。

由於Python易懂易學，加上它具備物件導向、直譯、跨平台、自由／開放原始碼等特性，並擁有豐富強大的套件模組，讓Python的應用範圍更為廣泛，包括網頁設計、App設計、遊戲設計、自動控制、生物科技、大數據等領域。另外，Python不像Java強迫使用者必須用物件導向思維寫程式，它是多重思維（multi-paradigm）的程式語言，允許多種風格來撰寫程式。再加上提供豐富的應用程式介面（Application Programming Interface, API），讓程式設計師能夠輕鬆地編寫擴充模組，因此選擇Python作為第一次學習的程式語言，已是目前商業及教育機構的主流趨勢。

本書是一本介紹Python各種語法與結合大量範例實作的學習教材，同時結合運算思維與演算法的基本觀念，寫作風格以淺顯易懂的文字，並循序漸進介紹Python實用主題，非常適合想對Python

有完整認識的初學使用者閱讀。相關精彩主題如下：

- 認識程式語言與Python
- 基本資料處理入門
- 解析運算式與運算子
- 流程控制導引
- 認識複合式資料型別
- 函數入門與應用
- 大話模組與套件
- 速學檔案管理與例外處理
- 物件導向程式設計
- 實戰視窗程式開發與GUI設計
- 繪製2D視覺化統計圖表
- 經典演算法與Python實作

　　為了降低讀者的學習障礙，所有範例都提供完整的程式碼，並已在Python開發環境下正確編譯與執行。閱讀本書除了學習以Python語言撰寫程式外，更能加強運算思維及演算邏輯訓練，目前許多學校開設Python程式設計的課程，相信本書足以成為完整的Python課程訓練教材。

目錄

第一章　認識程式語言與Python ································· 1

1-1 程式語言簡介　　　　　　　　　　　　　2

1-2 演算法與流程圖　　　　　　　　　　　　7

1-3 Python語言簡介　　　　　　　　　　　　12

1-4 Python下載與安裝　　　　　　　　　　　14

1-5 第一支Python程式　　　　　　　　　　　17

本章課後習題　　　　　　　　　　　　　　20

第二章　基本資料處理入門 ································· 21

2-1 變數　　　　　　　　　　　　　　　　　22

2-2 資料型態簡介　　　　　　　　　　　　　29

2-3 常用輸出入指令　　　　　　　　　　　　40

2-4 上機綜合練習　　　　　　　　　　　　　49

本章課後習題　　　　　　　　　　　　　　50

第三章　快速搞懂運算式與運算子 ⋯⋯⋯⋯⋯⋯⋯⋯ 53

3-1 算術運算子　　　　　　　　　　　　　　　　54

3-2 指定運算子　　　　　　　　　　　　　　　　60

3-3 關係運算子　　　　　　　　　　　　　　　　66

3-4 邏輯運算子　　　　　　　　　　　　　　　　68

3-5 位元運算子　　　　　　　　　　　　　　　　72

3-6 位移運算子　　　　　　　　　　　　　　　　75

3-7 運算子優先順序　　　　　　　　　　　　　　77

3-8 上機綜合練習　　　　　　　　　　　　　　　79

本章課後習題　　　　　　　　　　　　　　　　　80

第四章　流程控制導引 ⋯⋯⋯⋯⋯⋯⋯⋯⋯⋯⋯⋯⋯⋯ 83

4-1 循序結構　　　　　　　　　　　　　　　　　84

4-2 認識選擇結構　　　　　　　　　　　　　　　86

4-3 重複結構　　　　　　　　　　　　　　　　　100

4-4 迴圈控制指令　　　　　　　　　　　　　　　115

4-5 上機綜合練習　　　　　　　　　　　　　　　123

本章課後習題　　　　　　　　　　　　　　　　　124

第五章　認識複合式資料型別 ⋯⋯⋯⋯⋯⋯⋯⋯⋯⋯ 127

5-1 串列　　　　　　　　　　　　　　　　　　　128

5-2 元組　　　　　　　　　　　　　　　　　　　145

5-3 字典　　　　　　　　　　　　　　　　　　　153

5-4 集合　　　　　　　　　　　　　　　164

5-5 上機綜合練習　　　　　　　　　　　172

本章課後習題　　　　　　　　　　　　173

第六章　函數入門與應用 ⋯⋯⋯⋯⋯⋯⋯⋯ 177

6-1 函數簡介　　　　　　　　　　　　　178

6-2 變數有效範圍　　　　　　　　　　　191

6-3 常見Python函數　　　　　　　　　　194

6-4 上機綜合練習　　　　　　　　　　　206

本章課後習題　　　　　　　　　　　　206

第七章　大話模組與套件 ⋯⋯⋯⋯⋯⋯⋯⋯ 211

7-1 模組簡介　　　　　　　　　　　　　211

7-2 自製模組　　　　　　　　　　　　　216

7-3 常用內建模組　　　　　　　　　　　219

7-4 上機綜合練習　　　　　　　　　　　232

本章課後習題　　　　　　　　　　　　233

第八章　速學檔案管理與例外處理 ⋯⋯⋯⋯ 235

8-1 認識檔案與開啟　　　　　　　　　　235

8-2 例外處理研究　　　　　　　　　　　248

8-3 上機綜合練習　　　　　　　　　　　255

本章課後習題　　　　　　　　　　　　256

第九章　物件導向程式設計 259

9-1 物件導向程式設計與Python　　　　　　259

9-2 繼承　　　　　　　　　　　　　　　274

9-3 多型　　　　　　　　　　　　　　　294

9-4 上機綜合練習　　　　　　　　　　　298

本章課後習題　　　　　　　　　　　　299

第十章　實戰視窗程式開發與GUI設計 301

10-1 建立視窗──tkinter套件簡介　　　302

10-2 視窗版面布局　　　　　　　　　　306

10-3 標籤元件　　　　　　　　　　　　313

10-4 按鈕元件　　　　　　　　　　　　316

10-5 訊息方塊元件　　　　　　　　　　318

10-6 文字方塊元件　　　　　　　　　　324

10-7 文字區塊元件　　　　　　　　　　328

10-8 捲軸元件　　　　　　　　　　　　330

10-9 單選按鈕元件　　　　　　　　　　333

10-10 PhotoImage類別　　　　　　　　　336

10-11 核取按鈕元件　　　　　　　　　　339

10-12 調色盤方塊　　　　　　　　　　　342

10-13 功能表元件　　　　　　　　　　　344

10-14 上機綜合練習　　　　　　　　　　353

本章課後習題　　　　　　　　　　　　356

第十一章　2D視覺化統計圖表 ······························ 359

11-1 認識Matplotlib套件　　　　　　　　359

11-2 長條圖　　　　　　　　　　　　　　369

11-3 直方圖　　　　　　　　　　　　　　375

11-4 橫條圖　　　　　　　　　　　　　　381

11-5 圓形圖與多幅圖形顯示　　　　　　　384

11-6 上機綜合練習　　　　　　　　　　　391

本章課後習題　　　　　　　　　　　　　391

第十二章　經典演算法與Python實作 ················· 393

12-1 遞迴 —— 分治演算法　　　　　　　393

12-2 枚舉法　　　　　　　　　　　　　　400

12-3 回溯法 —— 老鼠走迷宮問題　　　　402

12-4 排序演算法　　　　　　　　　　　　410

12-5 搜尋演算法　　　　　　　　　　　　423

本章課後習題　　　　　　　　　　　　　433

第一章

認識程式語言與 Python

現代日常生活的每天運作都必須仰賴電腦

對於一個有志於從事資訊專業領域的人員來說,程式設計是一門和電腦硬體與軟體息息相關涉獵的學科,稱得上是近十幾年來蓬勃興起的一門新興科學。更深入來看,程式設計能力已經被看成是國力的象徵,連教育部都將撰寫程式列入國高中學生必修課程,讓寫程式不再是資訊相關科系的專業,而是全民的基本能力。

程式設計能力已經被看成是國力的象徵

1-1 程式語言簡介

　　沒有所謂最好的程式語言，只有是否適合的程式語言，程式語言本來就只是工具，從來都不是重點。「程式語言」就是一種人類用來和電腦溝通的語言，也是用來指揮電腦運算或工作的指令集合，可以將人類的思考邏輯和意圖轉換成電腦能夠了解與溝通的語言。

人類和電腦之間溝通的橋梁就是程式語言，否則就變成雞同鴨講

　　程式語言發展的歷史已有半世紀之久，由最早期的機器語言發展至今，已經邁入到第五代自然語言。

1-1-1 機器語言

　　機器語言（machine language）是由1和0兩種符號構成，是最早期的程式語言，也是電腦能夠直接閱讀與執行的基本語言，也就是任何程式或語言在執行前都必須先行被轉換為機器語言。機器語言的撰寫相當不方便，而且可讀性低也不容易維護，並且不同的機器與平台，其編碼方式都不盡相同。機械語言寫法為：

CHAPTER

1

10111001（設定變數A）
00000010（將A設定爲數值2）

1-1-2 組合語言

組合語言（assembly language）是一種介於高階語言及機器語言間的符號語言，比起機器語言來說，組合語言要易編寫和學習。機器語言0和1的符號定義爲「指令」（statement），是由運算元和運算碼組合而成，只可以在特定機型上執行，不同CPU要使用不同的組合語言。例如MOV指令代表設定變數內容、ADD指令代表加法運算，而SUB指令代表減法運算，如下所示：

MOV A,2（變數A的數值內容爲2）
ADD A,2（將變數A加上2後，將結果再存回變數A中，如A=A+2）
SUB A,2（將變數A減掉2後，將結果再存回變數A中，如A=A-2）

1-1-3 高階語言

高階語言（high-level language）是相當接近人類使用語言的程式語言，雖然執行較慢，但語言本身易學易用，因此被廣泛應用在商業、科學、教學、軍事等相關的軟體開發上。它的特點是必須經過編譯或解譯的過程，才能轉換成機器語言。高階語言又依照轉換過程可區分爲以下兩種：

■ 編譯式語言

編譯式語言，是一種使用編譯器（compiler）將程式碼翻譯爲目的程

CHAPTER

1

式的語言。編譯器可將原始程式區分為數個階段，並轉換為機器可讀的可執行檔。經過編譯後，會產生「目的檔」（.obj）和「執行檔」（.exe）兩個檔案。當原始程式每修改一次，就必須重新編譯。不過經過編譯後所產生的執行檔可直接對應成機器碼，故可在電腦上直接執行，不需要每次執行都重新翻譯，執行速度自然較快。例如C、C++、VISUAL C++、FORTRAN語言都是屬於編譯式語言。

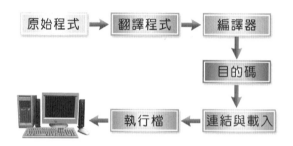

■ 解譯式語言

　　解譯式語言是利用解譯器（interpreter）來對高階語言的原始程式碼做逐行解譯，每解譯完一行程式碼後，才會再解譯下一行。解譯的過程中如果發生錯誤，則解譯動作會立刻停止。

　　由於使用解譯器翻譯的程式每次執行時都必須再解譯一次，所以執行速度較慢，不過因為僅需存取原始程式，不需要再轉換為其它型態檔案，

CHAPTER

1

因此所占用記憶體較少。例如Python、Basic、LISP、Prolog等語言都是屬於解譯式語言。

我們將針對近數十年來相當知名的高階語言來做介紹。請看下表簡述：

程式語言	說明與特色
Fortran	第一個開發成功的高階語言，主要專長在於處理數字計算的功能，常被應用於科學領域的計算工作
COBOL	是早期用來開發商業軟體最常用的語言
Ada	是一種大量運用在美國國防需要的語言
Pascal	是最早擁有結構化程式設計概念的高階語言，目前的Object-Pascal則加入了物件導向程式設計的概念
Prolog	人工智慧語言，利用規則與事實（rules and facts）的知識庫來進行人工智慧系統的開發，例如專家系統常以Prolog進行開發
LISP	為最早的人工智慧語言，和Prolog一樣也可以用來進行人工智慧系統的開發。這種程式語言的特點之一是程式與資料都使用同一種表示方式，並以串列為主要的資料結構，適合作為字串的處理工作
C++	C++主要是改良C語言而來，除了保有C語言的主要優點外，並將C語言中較容易造成程式撰寫錯誤的語法加以改進，並導入物件導向程式設計（Object-Oriented Programming, OOP）的概念
Java	昇陽（SUN）參考C/C++特性所開發的新一代程式語言，它標榜跨平台、穩定及安全等特性，主要應用領域為網際網路、無線通訊、電子商務，它也是一種物件導向的高階語言
Basic	方便初學者的學習使用，並不注重結構化及模組化的設計概念
Visual Basic	視覺化的Basic開發環境，並加入了物件導向程式語言的特性

程式語言	說明與特色
C#	C#（#唸作sharp）是一種.NET平台上的程式開發語言，可以用來開發各式各樣可在.NET平台上執行的應用程式
Python	Python開發的目標之一是讓程式碼像讀本書那樣容易理解，也因為簡單易記、程式碼容易閱讀的優點，另外還包括物件導向、直譯、跨平臺等特性，加上豐富強大的套件模組與免費開放原始碼，各種領域的使用者都可以找到符合需求的套件模組

1-1-4 非程序性語言

　　非程序性語言（non-procedural language）也稱為第四代語言，特點是它的敘述和程式與真正的執行步驟沒有關聯。程式設計者只需將自己打算做什麼表示出來即可，而不需去理解電腦是如何執行的。資料庫的結構化查詢語言（Structural Query Language，簡稱SQL）就是第四代語言的一個頗具代表性的例子。例如以下是清除資料的命令：

```
DELETE FROM employees
    WHERE employee_id = 'C800312' AND dept_id = 'R01'；
```

1-1-5 人工智慧語言

　　人工智慧語言稱為第五代語言，或稱為自然語言，其特性宛如和另一個人對話一般。因為自然語言使用者的口音、使用環境、語言本身的特性（如一詞多義）都會造成電腦在解讀時產生不同的結果與自然語言辨識上的困難度，因此自然語言的發展必須搭配人工智慧來進行。

CHAPTER

1

Tips

　　人工智慧（Artificial Intelligence, AI）的概念最早是由美國科學家John McCarthy於西元1955年提出，目標為使電腦具有類似人類學習解決複雜問題與展現思考等能力。舉凡模擬人類的聽、說、讀、寫、看、動作等的電腦技術，都被歸類為人工智慧的可能範圍。

機器人是人工智慧最典型的應用

1-2 演算法與流程圖

　　演算法（algorithm）是程式設計領域中最重要的關鍵，常常被使用為設計電腦程式的第一步，演算法就是一種計畫，這個計畫裡面包含解決問題的每一個步驟跟指示。程式是否能清楚而正確的把問題解決，則取決於演算法。因此我們可以再進一步闡述：「資料結構加上演算法等於可執行的程式」。以下將演算法做簡單的定義：

●演算法用來描述問題並有解決的方法，以程序式的描述為主，讓人一看就知道是怎麼一回事。
●使用某種程式語言來撰寫演算法所代表的程序，並交由電腦來執行。
●在演算法中，必須以適當的資料結構來描述問題中抽象或具體的事物，有時還得定義資料結構本身有哪些操作。

搜尋引擎也必須藉由不斷更新演算法來運作

認識了演算法的定義後，我們還要說明演算法必須符合下表的五個條件：

演算法特性	說明
輸入（input）	0個或多個輸入資料，這些輸入必須有清楚的描述或定義
輸出（output）	至少會有一個輸出結果，不可以沒有輸出結果
明確性（definiteness）	每一個指令或步驟必須是簡潔明確而不含糊的
有限性（finiteness）	在有限步驟後一定會結束，不會產生無窮迴路
有效性（effectiveness）	步驟清楚且可行，能讓使用者用紙筆計算而求出答案

演算法的五個條件

　　接下來的問題是：「什麼方法或語言才能夠最適當的表達演算法？」事實上，只要能夠清楚、明白、符合演算法的五項基本原則，即使是一般文字、虛擬語言（pseudo-language）、表格或圖形、流程圖，甚至於任何一種程式語言都可以作為表達演算法的工具。日常生活中也有許多工作都可以利用演算法來描述，例如員工的工作報告、寵物的飼養過程、廚師準備美食的食譜、學生的功課表等，以下是一名學生小華早上上學並買早餐的簡單文字演算法：

1-2-1 流程圖

　　流程圖（flow diagram）則是一種程式設計領域中最通用的演算法表示方式，必須使用某些特定圖型符號。為了流程圖之可讀性及一致性，目前通用美國國家標準協會ANSI制定的統一圖形符號。以下說明一些常見的符號：

CHAPTER

1

流程圖就是一個程式設計前的規劃藍圖

名稱	說明	符號
起止符號	表示程式的開始或結束	
輸入／輸出符號	表示資料的輸入或輸出的結果	
程序符號	程序中的一般步驟，程序中最常用的圖形	
決策判斷符號	條件判斷的圖形	
文件符號	導向某份文件	
流向符號	符號之間的連接線，箭頭方向表示工作流向	
連結符號	上下流程圖的連接點	

例如請各位畫出輸入一個數值，並判別是奇數或偶數的流程圖。

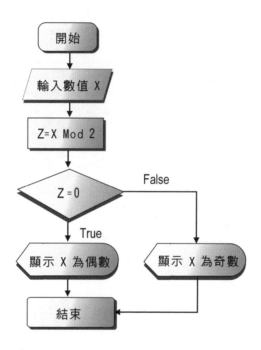

常用演算法描述工具介紹如下：

●一般文字敘述：中文、英文、數字等。文字敘述法的特色在使用文字或語言敘述來說明演算步驟。

●虛擬語言（pseudo-Language）：接近高階程式語言的寫法，也是一種不能直接放進電腦中執行的語言。一般都需要一種特定的前置處理器（preprocessor），或者用手寫轉換成真正的電腦語言，經常使用的有Sparks、Pascal-like等語言。例如以下是用Sparks寫成的鏈結串列反轉演算法：

```
Procedure Invert(x)
    P←x;Q←Nil;
    WHILE P ≠ NIL do
    r←q;q←p;
    p←LINK(p);
    LINK(q)←r;
END
    x←q;
END
```

●表格或圖形：如陣列、樹狀圖、矩陣圖等。

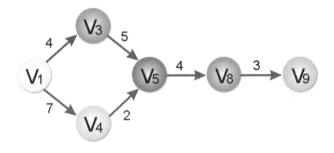

●程序語言：演算法也能夠直接以可讀性高的高階語言來表示，例如C語言、C++語言、Python、Visual Basic語言、Java語言。

1-3 Python語言簡介

　　Python這個英文單字是蟒蛇的意思，也是目前最為流行的程式語言。Python是一種物件導向、直譯的程式語言，語法直覺易學，具有跨平台的特性，加上豐富強大的套件模組，讓Python的用途更為廣泛，讓各種領域的使用者都可以找到符合需求的套件模組。其涵蓋了網頁設計、App設計、遊戲設計、自動控制、生物科技、大數據等領域，因此非常適合作為入門學習程式語言。Python於西元1989年由Guido van Rossum發明，並在西元1991年公開發行，其開發Python時的初心是想設計出一種優美強大，任何人都能使用的語言，同時開放原始碼，就分類上來說它是一個解譯式的動態程式語言，它不僅優雅簡潔，更具備有開發快速、容易閱讀、功能強大等優點。簡單來說，Python具有以下的特色：

1-3-1 程式碼簡潔易讀

Python開發的目標之一是讓程式碼像讀本書那樣容易理解，也因為簡單易記、程式碼容易閱讀的優點，在寫程式的過程中能專注在程式本身，而不是如何去寫，使程式開發更有效率，團隊協同合作也更容易整合。

1-3-2 跨平台

Python程式可以在大多數的主流平台執行，具備在各個作業系統平台之間的高相容性及可移植性，不管是Windows、MacOS、Linux以及手機，都有對應的Python工具。例如你的個人電腦作業系統使用的是MacOS或是Linux，只要直接在命令列（終端機terminal）下鍵入Python，就可以立即使用Python程式語言來設計程式。

1-3-3 多重思維的程式語言

Python具有物件導向（object-oriented）的特性，像是類別、封裝、繼承、多型等設計。不過它卻不像Java這類的物件導向語言強迫使用者必須用物件導向思維寫程式，Python是多重思維（multi-paradigm）的程式語言，允許我們使用多種風格來寫程式，使程式撰寫更具彈性，就算不懂物件導向觀念，也不會成為學習Python的絆腳石。

1-3-4 容易擴充

Python提供了豐富的API（Application Programming Interface，應用

程式介面）和工具，讓程式設計師能夠輕鬆地編寫擴充模組，也可以整合到其它語言的程式內使用，所以也有人說Python是「膠合語言」（glue language）。

1-3-5 自由／開放原始碼

　　所有Python的版本都是自由／開放原始碼（free and open source），簡單來說，您可以自由地閱讀、複製及修改Python的原始碼，或是在其他自由軟體中使用Python程式。

1-4 Python下載與安裝

　　Python是一種跨平台的程式語言，當今主流的作業系統（例如Windows、Linux、MacOS）都可以安裝與使用，目前到筆者校稿時最新版為Python 3.11.*（版本會因下載時間不同而有所差異，底下示範如何進行Python下載與安裝），詳細的參考步驟如下：

　　首先請連上官方網站，網址如下：https://www.python.org/downloads/，請進入Python的下載頁面：

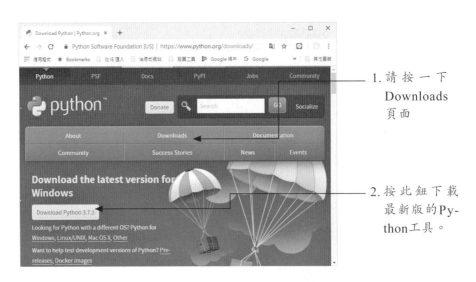

1. 請按一下 Downloads 頁面

2. 按此鈕下載最新版的Python工具。

1-4-1 安裝與執行Python

進入安裝畫面後，請勾選「Add Python 3.7 to PATH」核取方塊，它會將Python的執行路徑加入到Windows的環境變數中。如此一來，當進入作業系統的「命令提示字示」視窗，就可以直接下達Python指令。

接著請試著在「命令提示字元」視窗試著下達python指令：

步驟1：請在Windows 10搜尋cmd指令，找到「命令提示字元」後，請啟動「命令提示字元」視窗。

步驟2：接著請在「命令提示字元」中輸入「python」指令，輸入完畢後
請按下Enter鍵，當出現Python直譯式交談環境特有的「>>>」
字元時，就可以下達python指令。例如print指令可以輸出指定字
串：

```
C:\Users\andu-Wu>python
Python 3.7.3 (v3.7.3:ef4ec6ed12, Mar 25 2019, 21:26:53) [MSC
v.1916 32 bit (Intel)] on win32
Type "help", "copyright", "credits" or "license" for more inf
ormation.
>>> print("我的第一支程式")
我的第一支程式
>>>
```

接著就來看看開始功能表中Python安裝了哪些工具：

● IDLE軟體：內建的Python整合式開發環境軟體（Integrated Development
Environment，簡稱IDE），來幫助各位進行程式的開發，通常IDE的功

能包括撰寫程式語言編輯器、編譯或直譯器、除錯器等,可將程式的編輯、編譯、執行與除錯等功能畢其功於同一操作環境。

● Python 3.7

會進入Python互動交談模式(interactive mode),當看到Python特有的提示字元「>>>」,在此模式下使用者可以逐行輸入Python程式碼:

```
Python 3.7 (32-bit)                                          —  □  ×

Python 3.7.3 (v3.7.3:ef4ec6ed12, Mar 25 2019, 21:26:53) [MSC v.1916 32 bi
t (Intel)] on win32
Type "help", "copyright", "credits" or "license" for more information.
>>> _
```

● Python 3.7 Manuals:Python程式語言的解說文件。
● Python 3.7 Module Docs:提供Python內建模組相關函數的解說。

1-5 第一支Python程式

寫程式就像學游泳一樣,多練習最重要

　　許多人一聽到程式設計，可能早就嚇得手腳發軟，認爲學程式語言會和學習外國語言一樣，不但要記上一大堆單字，還要背上數不完的文法規則！其實完全不是這個樣子，大家千萬不要自己嚇自己，程式語言就是一種人類用來指揮電腦運算或工作的指令集合，特別是Python更是簡單，裡面會使用到的保留字（reserved word）最多不過數十個而已。以筆者多年從事程式語言的教學經驗，對一個語言初學者的心態來說，就是不要廢話太多，趕快讓他從無到有，實際跑出一個程式最爲重要，許多高手都是寫多了就越來越厲害。

　　在前面交談式直譯環境，我們已確認Python指令可以正確無誤執行，接下來將以IDLE軟體示範如何撰寫及執行Python程式碼檔案。首先請在開始功能表找到Python的IDLE程式，接著啓動IDLE軟體，然後執行「File/New File」指令，就會產生如下圖的新文件，接下來就可以開始在這份文件中撰寫程式：

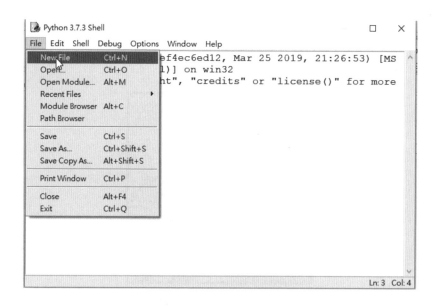

接著請輸入如下圖的兩行程式碼：

　　然後執行「File/Save」指令，將檔案命名成「hello.py」，然後按下「存檔」鈕將所撰寫的程式儲存起來。最後執行「Run/Run Module」指令（或直接在鍵盤上按F5功能鍵），執行本支程式。如果沒有任何語法錯誤，就會自行切換到「Python Shell」視窗，秀出程式的執行結果。以這個例子來說，會出現「Hello World!」，並自動換行，回到Python互動交談模式互動式的「>>>」提示字元。

$$\boxed{\text{Hello World!}}$$

　　底下程式範例是剛才輸入的hello.py，為了方便為各位解說各行程式碼的功能，前面筆者加入了行號，在實際輸入程式時，請不要將行號輸入到程式中。

【範例程式：**hello.py**】我的第一支Python程式

```
01 #我寫的程式
02 print("Hello World!")
```

【程式碼解析】

- 第1行：是Python的單行註解格式。當程式碼解譯時，直譯器會忽略它。
- 第2行：內建print()函數會將內容輸出於螢幕上，輸出的字串可以使用單引號「'」或雙引號「"」來括住其內容，印出字串後會自動換行。

本章課後習題

1. 簡述Python程式語言的特色。

2. 何謂直譯式語言？試說明之。

3. 何謂「整合性開發環境」（Integrated Development Environment, IDE）？

4. 請比較高階語言中編譯與直譯兩者間的差異性。

5. 演算法必須滿足哪些特性？

6. 請比較說明編譯與直譯的差別。

7. 請試著描述計算1+2+3+4+5的演算法。

第二章

基本資料處理入門

　　電腦主要的功能就是強大的運算能力，將外界所得到的資料輸入電腦，並透過程式來進行運算，最後再輸出所要的結果。例如你無論做哪種運算，巧婦難為無米之炊，總不能跟空氣做運算吧！當程式執行時，外界的資料進入電腦後，當然要有個棲身之處，這時系統就會撥一個記憶空間給這份資料，而在程式碼中，我們所定義的變數（variable），主要的用途就是儲存資料，以供程式中各種計算與處理之用。

變數就像是程式中用來存放資料的盒子

2-1 變數

變數就是程式中用來存放資料的地方

　　Python語言中最基本的資料處理對象就是變數，主要的用途就是儲存資料，以供程式中各種計算與處理之用。當變數產生時會在程式設計中由編譯器所配置的一塊具有名稱的記憶體，用來儲存可變動的資料內容。電腦會將它儲存在「記憶體」中，需要時再取出使用，為了方便識別，必須給它一個名字，就稱為「變數」（variable）。

記憶體區塊

2-1-1 變數的宣告

　　程式簡單來說就是告訴電腦要拿哪些資料（data）依照指令敘述一步步來執行，這些資料可能是文字，也可能是數字。Python的變數不需要宣告，這點和在其它語言（例如C、Java）中使用變數，一定都要事先宣告後才能使用有所不同。Python是物件導向的語言，所有的資料（data）都看成是物件，在變數的處理上也是用物件參照（object reference）的方法，變數的型態是在給定初始值時決定，所以不需要事先宣告資料型態。

　　Python變數的資料型態是在給定值的時候決定，至於變數的值是使用等號（＝）來指派，語法如下：

變數名稱 = 變數值

　　例如：

number = 10

　　上式表示指派數值10給變數number。

　　各位可以一次宣告多個相同資料型態的變數，例如以下宣告a, b, c三個變數的值都是55：

a=b=c=55

　　或者利用「,」隔開變數名稱，就能在同一列中宣告：

a,b,c = 55,55,55

CHAPTER

2

當然各位也可以混搭不同型態的變數一起宣告：

```
a,f,name = 55,10.58, "Michael "
```

Python也允許使用者以「;」（分隔運算式）來連續宣告不同的程式敘述。例如以下兩行程式碼：

```
sum= 10
index = 12
```

我們可以利用「;」（分隔運算式）將上述兩行指令寫在同一行。請看以下的示範：

```
sum= 10 ; index = 12
```

2-1-2 程式註解

程式註解（comment）可以用來說明程式的功能，尤其是越複雜的程式碼，如果從小程式就能養成使用註解的好習慣，就能提高日後在撰寫任何程式時都能兼顧可讀性。註解不僅可以幫助其他程式設計師了解內容，在日後程式維護與修訂時，也能夠省下不少時間成本。Python的註解分成兩種：

● 單行註解：以「#」開頭，後續內容即是註解文字，如程式碼開頭的第1行。

```
#這是單行註解
```

● 多行註解：以3個雙引號（或單引號）開始，填入註解內容，再以3個雙引號（或單引號）來結束註解。

```
"""
這是多行註解
用來說明程式的描述都可以寫在這裡
"""
```

也可以用三個單引號：

```
'''
這也是多行註解
用來說明程式的描述都可以寫在這裡
'''
```

　　以下的例子示範如何在程式中以多行註解來說明程式功能，以及利用單行註解來說明各行指令的作用。

【範例程式：**comment.py**】單行註解與多行註解

```
01 '''
02    範例程式:comment.py
03    程式功能:本程式示範如何使用多行註解及單行註解
04 '''
05 number = 10 #將數值10設定給number
06 print(number) #輸出number變數值
07 a=b=c=55 #a, b, c三個變數的值都是55
08 a,b,c = 55,55,55 #也可以利用","隔開變數名稱,就能在同一列設定值
09 print(a) #輸出a變數值
10 print(b) #輸出b變數值
```

CHAPTER

2

```
11 print(c) #輸出c變數值
12 a,f,name = 66,10.58, "Michael " #也可以混搭不同型態的變數一起宣告
13 print(a) #輸出a變數值,各位可以發現其值已被重新給定
14 print(f) #輸出f變數值
15 print(name) #輸出name變數值
```

【執行結果】

```
10
55
55
55
66
10.58
Michael
```

【程式碼解析】

● 第1～4行:多行註解的示範,常用於程式、函數或一段程式功能的
說明。

● 第5～15行:單行註解的示範,常用於變數功能或單行程式功能的說
明。

2-1-3 變數命名規則

　　程式碼的可讀性對於想要成為一個優秀程式設計師而言,可是非常重
要的好習慣,雖然變數名稱只要符合Python的規定都可以自行定義,但是
當變數越多時,如只是簡單取個abc等字母名稱的變數,就會讓人暈頭轉
向,並大幅降低可讀性。至於考慮到程式的可讀性,最好儘量以符合變數
所賦予的功能與意義來命名。尤其是當程式規模越大時,有意義的變數名

稱就會顯得更為重要。

在Python中的變數名稱命名也需要符合一定的規則，如果使用不適當的名稱，可能會造成程式執行時發生錯誤。另外，Python是屬於區分大小寫的語言，也就是說 no與 NO是兩個不相同的變數，變數名稱的長度不限，變數名稱有以下幾點限制：

1. 變數名稱第一個字元必須是英文字母或是底線或是中文。
2. 其餘字元可以搭配其他的大小寫英文字母、數字、_或中文。
3. 不能使用Python內建的保留字。常見的保留字如下：

acos	finally	return
and	floor	sin
array	for	sqrt
asin	from	tan
assert	global	True
atan	if	try
break	import	type
class	in	while
continue	input	with
cos	int	write
data	is	yield
def	lambda	
del	log	
e	log10	
elif	not	
else	open	
except	orl	
exec	pass	
exp	pi	
fabs	print	
False	raise	
float	range	

4. Python變數名稱必須區分大小寫字母，所以識別字「day」、「DAY」
　會被Python的直譯器視爲不同的名稱。

　　以下是有效變數名稱的範例：

```
_index
data01
width
department_no
```

　　以下是無效變數名稱的範例：

```
3_pass
while
$money
pass word
```

　　有關上述無效變數的錯誤原因如下：

```
3_pass
```

　　錯誤原因：變數名稱第一個字元必須是英文字母或是底線或是中
文，但不能是數字。

```
while
```

　　錯誤原因：不能使用Python內建的保留字，while是保留字。

```
$money
```

　　錯誤原因：變數名稱第一個字元必須是英文字母或是底線或是中文，但不能是特殊符號。

```
pass word
```

　　錯誤原因：變數名稱不能包含空白。

Tips

　　help()函數是Python的內建函數，對於特定物件的方法、屬性不清楚時，都可以利用help()函數來查詢。像是前面提到的Python保留字，就可以利用help()函數來查看，只要執行「help()」就會進入help互動模式，在此模式下輸入要查詢的指令就會顯示相關說明，各位可在help>模式繼續輸入想要查詢的指令，想要離開help互動模式時，只要輸入q或quit就可以了。

2-2 資料型態簡介

　　程式在執行過程中，不同資料會利用不同大小的空間來儲存，每種程式語言都擁有略微不同的基本資料型態，因此有了資料型態（data type）的規範。資料型態是用來描述Python資料的類型，不同資料型態的資料有著不同的特性，為了避免浪費記憶體空間，每個變數會依照需求給定不同的記憶體大小，因此有了「資料型態」來加以規範。例如在記憶體中所占的空間大小、所允許儲存的資料類型、資料操控的方式等等。

每種程式語言都有不同的基本資料型態

2-2-1 數值型態

不同資料型態就像是旅館中不同等級的房間一樣

　　Python的數值型態有整數（int）、浮點數（float）與布林值（bool）三種，以下一一說明這些數值型態的用法。

●int（整數）：整數資料型態是用來儲存不含小數點的資料，跟數學上的意義相同，如-1、-2、-100、0、1、2、100等。

●float（浮點數）：帶有小數點的數字，也就是數學上所指的實數（real number）。除了一般小數點表示，也能使用科學記號格式以指數表示，例如6e-2，其中6稱為假數，-2稱為指數。

● bool（布林值）：是一種表示邏輯的資料型態，是int的子類別，只有眞假值True與False。布林資料型態通常使用於流程控制做邏輯判斷。你也可以採用數值「1」或「0」來代表True或False。

> **Tips**
>
> 使用布林值True與False時要特別注意第一個字母必須大寫。

　　Python必須爲相同資料型態才能進行運算，例如字串與整數不能相加，必須先將字串轉換爲整數，但是如果運算子都是數值型態的話Python會自動轉換，不需要強制轉換型態，例如：

```
total = 10+ 7.2   #結果num=17.2 (浮點數)
```

　　Python會自動將整數轉換爲浮點數再進行運算。
　　另外，布林值也可以當成數值來運算，True代表1，False代表0，例如：

```
total = 8 + True  #結果total =9 (整數)
```

2-2-2 字串資料型態

　　將一連串字元放在單引號或雙引號括起來，就是一個字串（string），如果要將字串指定給特定變數時，可以使用「＝」指派運算子。範例如下：

```
phrase= "心想事成"
```

以下就是Python字串建立方式：

```
wordA = ''    #當單引號之內沒有任何字元時，它是一個空字串
wordB = 'A'   #單一字元
wordC ="Happy" #建立字串時，也可以使用雙引號
```

如果字串的本身包含雙引號或單引號，則可以使用另外一種引號來包住該字串。以下兩種表示方式都是正確方式：

```
title = "地表最簡易的'Python'入門書"
```

或是

```
title = '地表最簡易的"Python"入門書'
```

例如底下指令的輸出結果為：

```
>>> print("地表最簡易的'Python'入門書")
地表最簡易的'Python'入門書
>>> _
```

如果想直接將數值資料轉為字串，可以使用內建str()函數來達成，例如：

```
str()        #輸出空字串
str(123)   #將數字轉為字串'123'
```

當字串較長時，也可以利用「\」字元將過長的字串拆成兩行。如下圖所示：

CHAPTER

2

```
slogan="人進來 \
貨出去 \
全國發大財"
```

當各位需要依照固定的格式來輸出字串,則可以利用三重單引號或三重雙引號來框住使用者指定的字串格式,例如:

```
>>> poem='''  此情可待成追憶,
...      只是當時已惘然。'''
>>> print(poem)
 此情可待成追憶,
      只是當時已惘然。
>>>
```

字串中的字元彼此具有前後順序的關係,如果要串接多個字串,也可以利用「+」符號,例如:

```
>>> print("青春"+"永駐")
青春永駐
>>>
```

另外字串的索引值具有順序性,如果要取得單一字元或子字串,就可以使用[]運算子,而從字串中擷取子字串的動作就稱為「切片」(slicing)運算。

下表是使用[]運算子的各項功能說明:

運算子	功能說明
s[n]	依指定索引值取得序列的某個元素
s[n:]	依索引值n開始到序列的最後一個元素
s[n : m]	取得索引值n至m-1來取得若干元素
s[:m]	由索引值0開始,到索引值m-1結束

運算子	功能說明
s[:]	表示會複製一份序列元素
s[::-1]	將整個序列的元素反轉

以下範例是標示出字串中每一個字元的索引編號index值。例如我們宣告一個字串「msg = 'Sunday is fun!'」，index值由第一個字元（左邊）開始，是從0開始，若是從最後一個字元（右邊）開始，則是從-1開始。

msg	S	u	n	d	a	y		i	s		f	u	n	!
index	0	1	2	3	4	5	6	7	8	9	10	11	12	13
-index	-14	-13	-12	-11	-10	-9	-8	-7	-6	-5	-4	-3	-2	-1

以下示範幾種常見取得子字串的方式：

```
msg[2 : 5] #不含索引編號5，可取得3個字元。
msg[6: 14] #可取到最後的一個字元
msg[6 :] #表示msg[6 : 13]。
msg[:5] #表示start省略時，從索引值0開始取5個字元。
msg[4:8] #索引編號從4～7，取4個字元。
```

上述各種字串的切片運算，執行結果如下：

```
>>> msg = 'Sunday is fun!'
>>> msg[2 : 5]
'nda'
>>> msg[6: 14]
' is fun!'
>>> msg[6 :]
' is fun!'
>>> msg[:5]
'Sunda'
>>> msg[4:8]
'ay i'
>>>
```

在字串使用中，還有一些特殊字元無法利用鍵盤來輸入或顯示於螢幕，這時候必須在此特殊字元前加上反斜線「\」才可使用，就會形成所謂「跳脫字元」（escape sequence character），並進行某些特殊的控制功能。下表爲Python的跳脫字元：

跳脫字元	說明
\0	字串結束字元。
\a	警告字元，發出「嗶」的警告音。
\b	倒退字元（backspace），倒退一格
\t	水平跳格字元（horizontal tab）
\n	換行字元（new line）
\v	垂直跳格字元（vertical tab）
\f	跳頁字元（form feed）
\r	返回字元（carriage return）
\"	顯示雙引號（double quote）
\'	顯示單引號（single quote）
\\	顯示反斜線（backslash）

例如：

sentence = "今日事！\n今日畢！"

當下達print指令將topic字串內容輸出時，「今日畢！」就會顯示在第二行，這是因爲在輸出「今日畢！」前，必須先行輸出跳脫字元「\n」，它是用來告知系統進行換行的動作，執行結果如下圖所示：

```
>>> print("今日事！\n今日畢！")
今日事！
今日畢！
>>> _
```

　　以下程式範例將告訴各位各種常用跳脫字元的使用方式及綜合應用。

【範例程式：**escape.py**】跳脫字元應用範例

```
01 print("顯示反斜線: " + '\\')
02 print("顯示單引號: " + '\'');
03 print("顯示雙引號: " + '\"');
04 print("顯示16進位數: " + '\u0068')
05 print("顯示8進位數: " + '\123')
06 print("顯示倒退一個字元: " + '\b' + "xyz")
07 print("顯示空字元: " + "xy\0z")
08 print("雙引號的應用->\"跳脫字元的綜合運用\"\n")
```

【執行結果】

```
顯示反斜線: \
顯示單引號: '
顯示雙引號: "
顯示16進位數: h
顯示8進位數: S
顯示倒退一個字元:  xyz
顯示空字元: xy z
雙引號的應用->
"跳脫字元的綜合運用"
```

【程式碼解析】

● 第1～7行：示範如何輸出特定的跳脫字元。

● 第8行：跳脫字元的綜合運用，此處示範了如何印出雙引號及利用跳脫字的「\n」進行換行。

2-2-3 type()函數

　　這裡要特別介紹一個type()函數，它能列出變數的資料型態，前面提到Python使用變數時不用事先宣告，變數在給定值時才會決定變數的資料型態，也就是說，在Python程式設計過程中變數的資料型態經常會改變，如果想要了解目前變數的資料型態，就可以使用type()函數來傳回指定變數的資料型態。接下來的程式範例將使用type()函數列出各種數值變數的資料型態。

【範例程式：**type.py**】使用type()函數列出變數的資料型態

```
01 a=8
02 b=3.14
03 c=True
04 print(a)
05 print(type(a))
06 print(b)
07 print(type(b))
08 print(c)
09 print(type(c))
```

【執行結果】

```
8
<class 'int'>
3.14
<class 'float'>
True
<class 'bool'>
```

【程式碼解析】

● 第1～3行：分別指派整數、浮點數及布林值給a、b、c三個變數。

● 第5～9行：從執行結果可以看出變數a的值為8，資料類型是整數（int）。變數b的值為3.14，資料類型是浮點數（float）。變數c的值為True，資料類型是布林值（bool）。

2-2-4 資料型態轉換

　　當各位設計程式時，如果運算不同資料型態的變數，往往會造成資料型態的不一致，這時候就必須進行資料型態的轉換，通常資料型態轉換功能可以區分為「自動型態轉換」與「強制型態轉換」。所謂「自動型態轉換」是由直譯器來判斷應轉換成何種資料型態，例如當整數與浮點數運算時，系統會事先將整數自動轉換為浮點數之後再進行運算，運算結果為浮點數。例如：

```
total= 7 + 3.5  # 其運算結果為浮點數 10.5
```

　　不過整數與字串無法自動轉換資料型態，當對整數與字串進行加法運算時，就會產生錯誤。請試著輸入以下的指令，結果會出現資料型態錯誤的警告訊息。

```
total = 125+ "總得分"
```

```
>>> total = 125+ "總得分"
Traceback (most recent call last):
  File "<stdin>", line 1, in <module>
TypeError: unsupported operand type(s) for +: 'int' and 'str'

>>>
```

　　除了由系統自動型態轉換之外，Python也允許使用者強制轉換資料型態。例如想利用兩個整數資料相除時，可以用強制性型態轉換，暫時將整數資料轉換成浮點數型態。以下三個指令為常見的Python強制資料型態轉換的命令：

■ int()：強制轉換為整數資料型態

　　例如：

```
x = "5"
num = 5 + int(x)
print(num)  #結果：10
```

　　變數x的值為5是字串型態，所以先用int(x)轉換為整數型態。

■ float()：強制轉換為浮點數資料型態

　　例如：

```
x = "5.3"
num = 5 + float(x)
print(num)  #結果：10.3
```

　　變數x的值為5.3是字串型態，所以先用float(x)轉換為浮點數型態。

■ str()：強制轉換為字串資料型態

　　例如：

```
x = "5.3"
num = 5 + float(x)
print("輸出的數值是 " + str(num))   #結果：輸出的數值是 10.3
```

　　上述程式碼中print()函數裡面「輸出的數值是 」這一串字是字串型

態,「+」號可以將兩個字串相加,變數num是浮點數型態,所以必須先轉換為字串。

例如:

> num=int("1357")這個指令會將字串轉換成整數,num的值就會等於1357。
>
> num=float("3.14159")這個指令會將字串轉換成浮點數,num的值就會等於3.14159。

2-3 常用輸出入指令

任何程式設計的目的在於將使用者所輸入的資料,經由電腦運算處理後,再將結果另行輸出。接下來我們為您介紹Python中最常用的輸出與輸入指令。

2-3-1 輸出指令－print

print指令就是Python用來輸出指定的字串或數值到標準輸出裝置,預設的情況下是指輸出到螢幕。print的正式語法格式如下:

> print(項目1[, 項目2,…, sep=分隔字元, end=結束字元])

- 項目1, 項目2,…:print指令可以用來列印多個項目,每個項目之間必須以逗號隔開「,」。上述指令中的中括號[]內的項目、分隔字元或結束字元則可有可無。
- sep:分隔字元,可以用來列印多個項目,每個項目之間必須以分隔符號區隔,Python預設的分隔符號為空白字元「" "」。

● end：結束字元，是指在所有項目列印完畢後會自動加入的字元，系統的預設值為換列字列（"\n"）。正因為這樣的預設值，當執行下一次的列印動作會輸出到下一列。

　　以下範例示範三種print語法的使用方式及輸出結果：

```
>>> print("一元復始")
一元復始
>>> print("五福臨門","十全十美",sep="#")
五福臨門#十全十美
>>> print("五福臨門","十全十美")
五福臨門 十全十美
>>>
```

　　上述三種print的語法的差異，說明如下：

● 第1種的寫法最為單純，此指令省略了分隔字元及結束字元，因此其結束字元會採用系統的預設值空白字元"\n"，所以輸出完此字串會自動換行。

● 第2種寫法則加入了分隔字元"#"，本來預設各項目間會以空白字元隔開，但此處指定了"#"為其分隔字元，各位就可以看到每個項目間會以「#」符號隔開。

● 第3種寫法剛好可以和第2種寫法作一比較，此寫法沒有指定分隔字元，系統就會指派預設值空白字元作為各項目間的分隔字元。

　　接下來我們要補充print指令也支援格式化功能，主要是由"%"字元與後面的格式化字串來輸出指定格式的變數或數值內容，語法如下：

```
print("項目" %(參數列))
```

　　常用輸出格式化參數請參考下表：

格式化符號	說明
%s	字串
%d	整數
%f	浮點數
%e	浮點數，指數e型式
%o	八進位整數
%x	十六進位整數

例如：

```
height=178
print("小郭的身高：%d" % height)
```

【執行結果】

```
小郭的身高：178
```

還有一個實用的方法，就是利用format指令來進行格式化工作，這個指令是以一對大括號「{}」來表示參數的位置，語法如下：

```
print(字串 .format(參數列))
```

舉例來說：

```
print("{0} 今年 {1} 歲. ".format("王小明", 18))
```

　　其中{0}表示使用第一個引數、{1}表示使用第二個引數,以此類推,如果{}內省略數字編號,就會依照順序填入。

　　您也可以使用引數名稱來取代對應引數,例如:

```
print("{writer} 每年賺 {money} 版稅. ".format(writer ="陳大春",
money=600000))
```

　　直接在數字編號後面加上冒號「:」可以指定參數格式,例如:

```
print('{0:.2f}'.format(3.14159))  #3.14
```

　　表示第一個引數取小數點後2位。

　　我們來看幾個例子:

範例一:

```
num=1.732659
print("num= {:.3f}".format(num))  # num= 1.733
```

　　{:.3f}表示要將數值格式化成小數點後3位。

範例二:

```
num=1.732659
print("num= {:7.3f}".format(num))  #num=   1.733
```

　　其中{:7.3f }表示數值總長度為7的浮點數,且小數點後3位,此處的小數點也在總長度內。從執行結果來看,總長度為7,但在數值前會補空白。

以下的例子是利用format方法來格式化輸出字串及整數的工作：

範例三：

```
university="全優職能專科學校"
year=142
print("{} 已辦校 {} 年" .format (university, year))
```

【執行結果】

全優職能專科學校　已辦校　142　年

在上例中各位可以看到字串中的{}符號，就是用來標示要寫入參數的位置。例如要輸出的university及year變數，在字串中就必須有相對應{}符號配合，來告知系統將這兩個變數的值寫在此處。

以下範例使用各種不同的format方法來格式化輸出字串及整數。

【範例程式：**format_para.py**】利用format方法來格式化輸出

```
01 num1=9.86353
02 print("num1= {:.3f}".format(num1))
03 num2=524.12345
04 print("num2= {:12.3f}".format(num2))
05 company="智能AI科技股份有限公司"
06 year=18
07 print("{} 已設立公司 {} 年" .format (company, year))
08 print("{0} 成立至今已 {1} 歲".format(company, year))
```

【執行結果】

```
num1= 9.864
num2=      524.123
智能AI科技股份有限公司 已設立公司 18 年
智能AI科技股份有限公司 成立至今已 18 歲
```

【程式碼解析】

● 第1～4行：分別指定不同的數值總長度及小數點位數來觀察不同的
數值輸出結果。

● 第7～8行：分別以兩種不同的format參數的指定方式示範如何在指定
位置輸出對應的變數內容。

以下範例使用格式化輸出方式，並透過欄寬設定，分別輸出整數、字
串及浮點數不同的結果。

【範例程式：**format.py**】格式化輸出與欄寬設定

```
01 name1="多益題庫大全"
02 name2="國小單字入門手冊"
03 name3="英檢初級及中級合輯"
04 price1=500
05 price2=45
06 price3=125.85
07 print("%5s 商品價格為 %4d 元" % (name1, price1))
08 print("%5s 商品價格為 %4d 元" % (name2, price2))
09 print("%5s 商品價格為 %5.2f 元" % (name3, price3))
```

【執行結果】

```
多益題庫大全 商品價格為   500 元
國小單字入門手冊 商品價格為    45 元
英檢初級及中級合輯 商品價格為 125.85 元
```

【程式碼解析】

- 第1～3行：分別設定三項商品的初始值。
- 第4～6行：分別設定三項商品的價格，其中第3項商品特別設定爲浮點數，這是爲了觀察浮點數的格式化輸出的效果。
- 第7～9行：將三項商品的名稱及價格依指定的格式化字串。

2-3-2 輸入指令－input

我們知道print指令是用來輸出資料，如果各位打算取得使用者的輸入資料，input指令就是讓使用者由鍵盤輸入資料，並把使用者所輸入的數值、字元或字串傳送給指定的變數。例如想設計一個計算每位學生的國文及數學的總分，就可以透過input指令來讓使用者輸入國文及數學成績，再去計算總分，語法如下：

```
變數 = input(提示字串)
```

當輸入資料並按下Enter鍵後，就會將輸入的資料指定給變數。上述語法中的「提示字串」是一段告知使用者輸入的提示訊息，例如希望使用者輸入年齡，再以print()指令輸出年齡，程式碼如下：

```
age =input("請輸入你的年齡：")
print (age)
```

【執行結果】

```
請輸入你的年齡：36
36
```

在此還要提醒各位，使用者輸入的資料一律會視爲是字串，各位可以透過內建的int()、float()、bool()等函數將輸入的字串轉換爲整數、浮點數或布林值型態。

例如請試著寫一支test.py的程式去進行下列程式碼的測試。

```
price =input("請輸入產品價格：")
print("漲價10元後的產品價格：")
print (price+10)
```

上面的程式將會因爲字串無法與數值相加而產生錯誤。

```
請輸入產品價格：60
漲價10元後的產品價格：
Traceback (most recent call last):
    File "D:\進行中書籍\五南Python大專版\範例檔\test.py", line 3, in
      <module>print (price+10)
TypeError: can only concatenate str (not "int") to str
```

這是因爲輸入的變數price是字串無法與數值「10」相加，因此必須在進行相加運算前以int()函數將字串強制轉換爲數值資料型態，如此一來才可以正確的進行運算。修正的程式碼如下：

```
price =input("請輸入產品價格：")
print("漲價10元後的產品價格：")
print (int(price)+10)
```

　　以下範例可以看出如果輸入的字串沒有先利用int()轉換成整數就直接進行加法運算，其產生的結果會變成兩個字串相加，而造成錯誤的輸出結果。

【範例：**strtoint.py**】將輸入的字串轉換成整數型態

```
01 no1=input("請輸入甲班全班人數：")
02 no2=input("請輸入乙班全班人數：")
03 total1=no1+no2
04 print(type(total1))
05 print("兩班總人數為%s" %total1)
06 total2=int(no1)+int(no2)
07 print(type(total2))
08 print("兩班總人數為%d" %total2)
```

【執行結果】

```
請輸入甲班全班人數：50
請輸入乙班全班人數：60
<class 'str'>
兩班總人數為5060
<class 'int'>
兩班總人數為110
```

【程式碼解析】

● 第1～2行：分別輸入甲乙兩班的人數。

● 第3～5行：直接將所輸入的人數進行相加的動作，可以看出其相加的結果是一種字串(str)的資料型態，結果值和預期的兩班人數的加總結果不同。

● 第6～8行：在加總前先將輸入的字串轉換成整數，再進行加總，其結果值的資料型態是整數(int)資料型態，所輸出的兩班人數的加總結果才是正確的。

2-4 上機綜合練習

1. 請設計一Python程式，可以輸入一週7天所花費的零用金，並將每一天所花費的零用金輸出。這支程式可以允許輸入使用者名稱，接著可以連續輸入一週內每一天的花費總和，並將每一天所花費的零用金輸出。執行結果如下圖所示：

```
請輸入姓名：陳德來

請輸入第一天的零用金總花費：500

請輸入第二天的零用金總花費：450

請輸入第三天的零用金總花費：380

請輸入第四天的零用金總花費：400

請輸入第五天的零用金總花費：520

請輸入第六天的零用金總花費：480

請輸入第七天的零用金總花費：500
name    day1 day2 day3 day4 day5 day6 day7
陳德來     500  450  380  400  520  480  500
```

解答：**money.py**

本章課後習題

一、填充題

1. _____通常具有特殊意義與功能，所以它會被預先保留，而無法作為變數名稱或任何其他識別字名稱。

2. _____函數是Python的內建函數，對於特定物件的方法、屬性不清楚時，都可以利用這個函數來查詢。

3. 程式語言的資料型態依照型態檢查方式可區分為「_____」與「_____」。

4. 布林值(bool)是int的子類別，只有真假值_____與_____。

5. print()函數有兩種格式化方法可以使用，一種是以_____格式化輸出，另一種是透過_____函數格式化輸出。

二、問答與實作題

1. 請說明下列哪些是有效的變數名稱；哪些是無效的變數名稱?並請說明無效原因。

   fileName01

   $result

   2_result

   number_item

2. 請說明三種較為常見的Python數值型態有哪些？請舉例說明。

3. 何謂切片（Slicing）運算，試舉例說明之。

4. 試寫出下表中的Python跳脫字元？

跳脫字元	說明
	水平跳格字元（horizontal tab）
	換行字元（new line）
	顯示單引號（single quote）
	顯示反斜線（backslash）

5. print指令也支援格式化功能，請填入下表輸出格式化功能的符號。

格式化符號	說明
	字串
	整數
	浮點數
	十六進位整數

6. format()函數相當具有彈性，它有哪兩大優點？

7. Python強制轉換資料型態的內建函數有哪三種？

8. 試簡述Python語言的命名規則。

9. 請說明底下無效變數錯誤的原因。

　7_up

　for

　$$$999

　happy new year

第三章

快速搞懂運算式與運算子

　　精確快速的計算能力稱得上是電腦最重要的能力之一，而這些就是透過程式語言的各種指令來達成，而指令的基本單位是運算式與運算子。不論如何複雜的程式，都必須依賴一道道的運算式程式碼來完成。各位都學過數學的加減乘除四則運算，如3+5，3/5，2-8+3/2等，這些都可算是運算式的一種。

任何運算都跟運算元及運算子有關

　　運算式就像平常所用的數學公式一樣，是由運算子（operator）與運算元（operand）所組成。不論如何複雜的程式，目的上多半是用來幫助我們從事各種運算的工作，而這些過程都必須依賴一道道的運算式來加以完成。運算式就像平常所用的數學公式一樣，例如：

```
A=(B+C)*(A+10)/3;
```

上面整個數學式子就是運算式，=、+、*及/符號稱爲運算子，而變數A、B、C及常數10、3都屬於運算元。運算式是由運算子（operator）與運算元（operand）所組成。什麼是運算元、運算子？從下面一個簡單的運算式可以了解：

```
a = b + 5
```

上面指令包含3個運算元a、b與5，一個指派運算子「=」以及一個加法運算子「+」。Python語言除了算術運算子外，還有應用在條件判斷式的比較及邏輯運算子，另外還有將運算結果指定給某一變數的指派運算子。

3-1 算術運算子

算術運算子（arithmetic operator）是程式語言中使用率最高的運算子，常用於一些四則運算，像是加法運算子、減法運算子、乘法運算子、除法運算子、餘數運算子、取得整除數運算子等。特別要提醒各位，負數也可以使用減法（－）運算子的符號來表示。當負數進行減法運算時，爲了避免與減法運算子的分辨混淆，最好應以括號（　）隔開負數。下表中列出了Python各種算術運算子功能的說明、範例及運算後的結果值。

算術運算子	範例	說明
+	a+b	加法
-	a-b	減法

算術運算子	範例	說明
*	a*b	乘法
**	a**b	乘冪（次方）
/	a/b	除法
//	a//b	整數除法
%	a%b	取餘數

算術運算子的優先順序為「先乘除後加減」，舉個例子：

```
3+1*2
```

上式的運算結果會是5。而括號的優先順序又高於乘除，如果上式改為(3+1)*2的話，運算結果就會是8。「/」與「//」都是除法運算子，「/」會有浮點數；「//」會將除法結果的小數部分去掉，只取整數，「%」是取得除法後的餘數。例如：

```
a = 9
b = 2
print(a / b)    #浮點數4.5
print(a // b)   #整數4
print(a % b)    #餘數1
```

也就是說算術運算子中的除法「/」運算子是一般的除法，經運算後所求的商數是浮點數，如果要將該商數以整數表示可以利用int()函數。

```
int(15/7)   #輸出2
```

另外還有「**」是乘冪運算，例如要計算2的4次方：

```
print(2 ** 4)   #16
```

如果運算結果並不指定給其它變數，則運算結果的資料型態將以運算元中資料型態最大的變數為主。例如運算元兩者皆為整數，而運算結果產生小數，則將自動以小數方式輸出結果，各位無需擔心資料型態的轉換問題。

Tips

「+」號也可以用來連接兩個字串。例如：

a ="abc" + "def"   #a="abcdef

但是如果運算結果會指派給某個變數，則該變數長度必須足夠，以避免資料過長的部分遭到捨去，例如運算的結果為浮點數，而被指定至整數變數，則運算結果的小數部分將被捨去。

以下範例可以讓使用者熟悉加法及減法的使用。

【範例程式：AddMinus.py】熟悉加法及減法

```
01 num1=int(input("請輸入第一個整數: "))
02 num2=int(input("請輸入第二個整數: "))
03 print("第一個整數的值: %d" %num1)
04 print("第二個整數的值: %d" %num2)
05 print("兩個整數相加的值: %d" %(num1+num2))
06 print("兩個整數相減的值: %d" %(num1-num2))
```

【執行結果】

```
請輸入第一個整數：100
請輸入第二個整數：30
第一個整數的值：100
第二個整數的值：30
兩個整數相加的值：130
兩個整數相減的值：70
```

【程式碼解析】

● 第1～2行：請使用者輸入兩個整數。

● 第3～4行：輸出兩個整數的值。

● 第5行：輸出兩個整數相加的值。

● 第6行：輸出兩個整數相減的值。

　　以下範例可以讓使用者輸入三次月考的成績，並將三次月考的總分及平均成績輸出。

【範例程式：score.py】成績計算

```
01  s1=int(input("請輸入第一次月考成績: "))
02  s2=int(input("請輸入第二次月考成績: "))
03  s3=int(input("請輸入第三次月考成績: "))
04  print("三次月考的加總分數: %d" %(s1+s2+s3))
05  avg=(s1+s2+s3)/3
06  print("三次月考的平均分數: %3.1f" %avg)
```

【執行結果】

```
請輸入第一次月考成績：95
請輸入第二次月考成績：92
請輸入第三次月考成績：97
三次月考的加總分數：284
三次月考的平均分數：94.7
```

CHAPTER

3

【程式碼解析】

- 第1～3行：輸入三次月考成績，請記得將所輸入的字串型態轉換成整數型態。
- 第4行：輸出三次月考的加總成績。
- 第5行：計算三次月考的平均。
- 第6行：輸出三次月考的平均成績。

以下範例是讓使用者輸入華氏（Fahrenheit）溫度，並轉換爲攝氏（Celsius）溫度，提示：C=5/9*(F-32)。

【範例程式：**temperature.py**】華氏溫度轉換攝氏溫度

```
01 """
02 輸入華氏(Fahrenheit)溫度轉換攝氏(Celsius)溫度
03 提示：C=5/9*(F-32)
04 """
05 F= float( input("請輸入華氏溫度："))
06 C=5/9*(F-32)
07 print("華氏溫度 %3.1f 轉換爲攝氏溫度爲 %3.1f" %(F,C))
```

【執行結果】

```
請輸入華氏溫度：98
華氏溫度 98.0 轉換為攝氏溫度為 36.7
```

【程式碼解析】

- 第5行：讓使用者輸入華氏溫度，並利用float()函數將所輸入的內容轉換爲浮點數的資料型態。
- 第6行：將所輸入華氏溫度轉換爲攝氏溫度。
- 第7行：依指定的格式化字串將轉換前後的溫度輸出。

【範例程式：**exchange.py**】快速兌換鈔票演算法

　　請設計一Python程式，能夠讓使用者輸入準備兌換的金額，並能輸出所能兌換的百元、50元紙鈔與10元硬幣的數量。

```
01 num=int(input("請輸入將兌換金額:"))
02 hundred=num//100
03 fifty=(num-hundred*100)//50
04 ten=(num-hundred*100-fifty*50)//10
05 print("百元鈔有 %d 張 五十元鈔有 %d 張 十元鈔有 %d 張"
   %(hundred,fifty,ten))
```

【執行結果】

```
請輸入將兌換金額:7890
百元鈔有 78 張 五十元鈔有 1 張 十元鈔有 4 張
```

【程式碼解析】

● 第1行：輸入兌換金額。

● 第2行：用整除運算子取百元鈔。

● 第3行：將所有已兌換百元鈔的錢扣除，用整除運算子取五十元鈔。

● 第4行：剩下的錢用整除運算子取十元鈔。

CHAPTER

3

3-2 指定運算子

指定運算子是一種指定的概念

指定運算子「=」由至少兩個運算元組成，功能是將等號右方的值指派給等號左方的變數。在指定運算子「=」右側可以是常數、變數或運算式，最終都會將值指定給左側的變數；而運算子左側也僅能是變數，不能是數值、函數或運算式等。例如運算式X-Y=Z就是不合法的。例如下面的指令：

```
index=0
index=index+3
```

上述指令中的index=0還容易理解其所代表的意義，至於index=index+3這道指令，許多程式語言的入門學習者，最不能理解的就是等號「=」在程式語言中的意義，很容易將和數學上的等於功能互相混淆，它的意義是先將等號右側的運算結果指定給等號左側的變數。

有關如何使用指定運算子將各種資料型態的內容給變數的相關指令，我們在上一章變數的宣告單元已詳細說明過，在此不再另外詳述。

> **Tips**
>
> 　在Python中單一個等號「=」是指定，兩個等號「==」用來做關係比較，不可混用。請注意！等號關係是「==」運算子，至於「=」則是指派運算子，這種差距很容易造成程式碼撰寫時的疏忽，日後程式除錯時，這可是非常熱門的小bug喔！

3-2-1 複合指定運算子

　指定運算子也可以搭配某個運算子，而形成「複合指定運算子」（compound assignment operators）。複合指定運算子的格式如下：

```
a op= b;
```

　此運算式的含意是將a的值與b的值以op運算子進行計算，然後再將結果指定給a。例如：

```
a += 1    #相當於a = a + 1
a -= 1    #相當於a = a - 1
```

> **Tips**
>
> 　請注意！使用指派運算子時，變數的值必須先設定，否則會出現錯誤！例如num=num*10，因為還沒為num變數設定初值，如果就直接使用指定運算子，就會出現錯誤，因為num變數這個變數沒有被定義過初始值。

　例如以「A += B;」指令來說，它就是指令「A=A+B;」的精簡寫法，也就是先執行A+B的計算，接著將計算結果指定給變數A。下表中除了「=」運算子以外，其他指派運算子都是複合指派運算子。

指派運算子	範例	說明
=	a = b	將b指派給a
+=	a += b	相加同時指派，相當於a=a+b
-=	a -= b	相減同時指派，相當於a=a-b
*=	a *= b	相乘同時指派，相當於a=a*b
**=	a **= b	乘冪同時指派，相當於a=a**b
/=	a /= b	相除同時指派，相當於a=a/b
//=	a //= b	整數相除同時指派，相當於a=a//b
%=	a %= b	取餘數同時指派，相當於a=a%b

以下範例是指定運算子及複合指定運算子的綜合應用。

【範例程式：compound.py】複合指定運算子的練習

```
01 """
02 指派運算子練習
03 """
04
05 a =3
06 b =1
07 c =2
08
09 x = a + b * c
10 print("{}".format(x)) #x=3+1*2=5
11 a += c
12 print("a={0}".format(a,b))  #a=3+2=5
13 a -= b
14 print("a={0}".format(a,b))  #a=5-1=4
```

```
15 a *= b
16 print("a={0}".format(a,b))  #a=4*1=4
17 a **= b
18 print("a={0}".format(a,b))  #a=4**1=4
19 a /= b
20 print("a={0}".format(a,b))  #a=4/1=4
21 a //= b
22 print("a={0}".format(a,b))  #a=4//1=4
23 a %= c
24 print("a={0}".format(a,b))  #a=4%2=0
25 s = "程式設計" + "很有趣"
26 print(s)
```

【執行結果】

```
5
a=5
a=4
a=4
a=4
a=4.0
a=4.0
a=0.0
程式設計很有趣
```

【程式碼解析】

● 第11～12行：將a與c相加後的值同時指派變數a，再將a的結果值輸出。

● 第13～14行：將a與b相減後的值同時指派變數a，再將a的結果值輸出。

● 第15～16行：將a與b相乘後的值同時指派變數a，再將a的結果值輸出。

> ● 第17～18行：將a與b進行乘冪後的值同時指派變數a，再將a的結果值輸出。
>
> ● 第19～20行：將a與b相除後的值同時指派變數a，再將a的結果值輸出。
>
> ● 第21～22行：將a與b整數相除同時指派給變數a，再將a的結果值輸出。
>
> ● 第23～24行：將a與b取餘數同時指派給變數a，再將a的結果值輸出。
>
> ● 第25～26行：字串相加後再輸出。

【範例程式：**assign_operator.py**】指派運算子綜合應用

```
01 # -*- coding: utf-8 -*-
02 """
03 指派運算子練習
04 """
05
06 a = 1
07 b = 2
08 c = 3
09
10 x = a + b * c
11 print("{}".format(x))
12 a += c
13 print("a={0}".format(a,b))  #a=1+3=4
14 a -= b
15 print("a={0}".format(a,b))  #a=4-2=2
16 a *= b
17 print("a={0}".format(a,b))  #a=2*2=4
18 a **= b
19 print("a={0}".format(a,b))  #a=4**2=16
```

```
20 a /= b
21 print("a={0}".format(a,b))  #a=16/2=8
22 a //= b
23 print("a={0}".format(a,b))  #a=8//2=4
24 a %= c
25 print("a={0}".format(a,b))  #a=4%3=1
26 s = "Python" + "好好玩"
27 print(s)
```

【執行結果】

```
7
a=4
a=2
a=4
a=16
a=8.0
a=4.0
a=1.0
Python好好玩
```

【程式碼解析】

- 第12～13行：將a與c相加後的值同時指派變數a，再將a的結果值輸出。

- 第14～15行：將a與b相減後的值同時指派變數a，再將a的結果值輸出。

- 第16～17行：將a與b相乘後的值同時指派變數a，再將a的結果值輸出。

- 第18～19行：將a與b進行乘冪後的值同時指派變數a，再將a的結果值輸出。

- 第20〜21行：將a與b相除後的值同時指派變數a，再將a的結果值輸出。
- 第22〜23行：將a與b整數相除同時指派給變數a，再將a的結果值輸出。
- 第24〜25行：將a與b取餘數同時指派給變數a，再將a的結果值輸出。

3-3 關係運算子

關係運算子主要是在比較兩個數值之間的大小關係，並產生布林型態的比較結果，通常用於流程控制語法。當使用關係運算子時，所運算的結果就是成立或者不成立。如狀況成立，稱之為「真（True）」，如狀況不成立，則稱之為「假（False）」。False是用數值0來表示，其它所有非0的數值則表示True（通常會以數值1表示）。關係比較運算子共有六種，如下表所示：

關係運算子	功能說明	用法	A=15，B=2
>	大於	A>B	15>2，結果為True(1)。
<	小於	A<B	15<2，結果為False(0)。
>=	大於等於	A>=B	15>=2，結果為True(1)。
<=	小於等於	A<=B	15<=2，結果為False(0)。
==	等於	A==B	15==2，結果為False(0)。
!=	不等於	A!=B	15!=2，結果為True(1)。

關係運算子也可以串連使用，例如a < b <= c相當於a < b，而且b <= c。以下程式範例就是用來表示與說明關係運算子的各種實例。

【範例程式：**relation.py**】：比較運算子

```
01 a = 54
02 b = 35
03 c = 21
04 ans1 = (a == b)  #判斷a是否等於b
05 ans2 = (b != c) #判斷b是否不等於c
06 ans3 = (a <= c) #判斷a是否小於等於c
07 print(ans1)
08 print (ans2)
09 print (ans3)
```

CHAPTER

3

【執行結果】

```
False
True
False
```

【程式碼解析】

- 第1～3行：用來指定三個整數變數a、b及c的起始值。
- 第4行：比較「a==b」是否成立。由於程式中第4行的「a==b」比較結果並不成立，因此在上圖中第一行顯示的比較結果為「False」
- 第5行：比較「b!=c」是否成立。「b!=c」的比較結果成立，顯示的比較結果為「True」。
- 第6行：比較「a<= c」是否成立。「a<=c」的比較結果不成立，顯示的比較結果為「False」。
- 第7～9行：將比較結果輸出至螢幕。

3-4 邏輯運算子

邏輯運算子（logical operator）通常是用在兩個表示式之間的關係判斷，運算結果僅有「真（True）」與「假（False）」兩種值，經常與關係運算子合用，可控制程式流程，邏輯運算子包括and、or、not等運算子。相關運算子的功能分別說明如下：

邏輯運算子	說明	範例
and（且）	左、右兩邊都成立時才傳回真	a and b
or（或）	只要左、右兩邊有一邊成立就傳回真	a or b
not（非）	真變成假，假變成真	not a

■ 邏輯and（且）

邏輯and必須左右兩個運算元都成立，運算結果才為真，任何一邊為假（False）時，執行結果都為假。例如下面指令的邏輯運算結果為真：

```
a = 10
b = 20
a < b and a != b   #True
```

邏輯and真值表如下：

a	b	a and b
T	T	True
T	F	False
F	T	False
F	F	False

■ 邏輯or（或）

邏輯or只要左右兩個運算元任何一邊成立，運算結果就為真，例如下面指令的邏輯運算為真：

```
a = 10
b = 20
a < b or a == b  #True
```

左邊的式子a<b成立，運算結果就為真，不需要再判斷右邊運算式了。邏輯or真值表如下：

a	b	a or b
T	T	True
T	F	True
F	T	True
F	F	False

■ 邏輯not（非）

邏輯not是邏輯否定，用法稍微不一樣，只要有1個運算元就可以運算，它是加在運算元左邊，當運算元為真，not運算結果為假，下面的指令運算結果為真：

```
a = 10
b = 20
not a<5  #True
```

CHAPTER

3

原本a<5不成立，前面加一個not就否定了，變成只要a不小於5都成立，所以運算結果為真，邏輯not真值表如下：

a	not a
T	False
F	True

我們再看下面指令的邏輯運算其輸出結果為False：

```
x= 28
y = 35
print(x> y and x == y)
```

例如下面指令的邏輯運算其輸出結果為True：

```
a = 52
b = 98
print(a < b or a == b)
```

例如下面的指令運算結果為False：

```
a = 3
b = 7
print(not a<5)
```

我們再來看另外一個例子：

```
num = 89
value = num % 7 == 0 or num % 5 == 0 or num % 3 == 0
print(value)
```

使用or運算子，由於89無法同時被7、5及3整除的要求，所以value回傳「False」。

Tips

在Python程式語言中，當使用and、or運算子做邏輯運算時，會採用所謂的「快捷運算」（short-circuit），我們先以and運算子為例來說明，快捷運算的判斷原則是如果第一個運算元回傳True，才會繼續第二個運算的判斷；也就是說，如果第一個運算元回傳False就不需要再往下判斷，以加快程式的執行速度。

以下程式範例是輸出三個整數與邏輯運算子相互關係的真值表，請各位特別留意運算子間的交互運算規則及優先次序。

【範例程式：**logic.py**】：邏輯運算子

```
01  a,b,c=3,5,7;     #宣告a、b及c三個整數變數
02  print("a= %d b= %d c= %d" %(a,b,c))
03  print("==================================")
04  #包含關係與邏輯運算子的運算式求值
05  print("a<b and b<c or c<a = %d" %(a<b and b<c or c<a))
```

【執行結果】

```
a= 3 b= 5 c= 7
==================================
a<b and b<c or c<a = 1
```

【程式碼解析】

● 第1行：宣告a、b及c三個整數變數。
● 第2行：輸出a、b及c三個整數變數的值。
● 第5行：輸出包含關係與邏輯運算子的運算式求值。

3-5 位元運算子

　　由於電腦只能處理0與1兩種資料，這就有點像是電燈泡，明亮表示為1，而不亮表示為0，這是電腦最小的儲存單位，稱之為「位元」（Bit）。一個位元只可以表示兩種資料：0與1，兩個位元則可以表達四種資料，即00、01、10、11，越多的位元則表示可以處理更多的資料。

　　因此各位可以使用位元運算子（bitwise operator）來進行位元與位元間的邏輯運算。Python中提供四種位元邏輯運算子，分別是&、|、^與～：

位元邏輯運算子	說明	使用語法
&	A與B進行AND運算	A & B
		A與B進行OR運算	A	B

位元邏輯運算子	說明	使用語法
～	A進行NOT運算	～A
^	A與B進行XOR運算	A^B

我們來看以下範例與說明：

■ ～（NOT）

NOT作用是取1的補數（complement），也就是0與1互換。例如a=12，二進位表示法為1100，取1的補數後，由於所有位元都會進行0與1互換，因此運算後的結果得到-13：

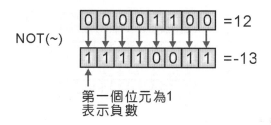

Tips

所謂「補數」，是指兩個數字加起來等於某特定數（如十進位制即為10）時，則稱該二數互為該特定數的補數。例如4的10補數為6，同理6的10補數為4。

■ ＆（AND）

執行AND運算時，對應的兩字元都為True時，運算結果才為True，例如：a=12，則a&38得到的結果為4，因為12的二進位表示法為1100，38的二進位表示法為0110，兩者執行AND運算後，結果為十進位的4。如下圖所示：

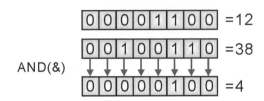

■ │（OR）

執行OR運算時，對應的兩字元只要任一字元為True時，運算結果為
True，例如：a=12，則a │ 38得到的結果為46，如下圖所示：

```
0 0 0 0 1 1 0 0  =12
0 0 1 0 0 1 1 0  =38
OR(|)
0 0 1 0 1 1 1 0  =46
```

■ ＾（XOR）

執行XOR運算時，對應的兩字元只要任一字元為True時，運算結果
為True，但是如果同時為True或False時，結果為False。例如：a=12，則
a^38得到的結果為42，如下圖所示：

```
0 0 0 0 1 1 0 0  =12
0 0 1 0 0 1 1 0  =38
XOR(^)
0 0 1 0 1 0 1 0  =42
```

以下程式範例就是位元運算子說明與應用的各種實例。

【範例程式：**bit_operator.py**】位元運算子綜合應用

```
01 #位元運算子綜合應用
02 x = 12; y = 8
03 print(x & y)
04 print(x ^ y)
05 print(x | y)
06 print(～x)
```

【執行結果】

```
8
4
12
-13
```

【程式碼解析】

● 第3～6行：4種位元運算子實例。

3-6 位移運算子

位元位移運算子可提供將整數值的位元向左或向右移動所指定的位元數，Python提供兩種位元位移運算子：

位元位移運算子	說明	使用語法
<<	A進行左移n個位元運算	A<<n
>>	A進行右移n個位元運算	A>>n

CHAPTER

3

■ <<（左移）

左移運算子（<<）例如將a的內容向左移動2個位元，如：a=12，以二進位來表示為1100，向左移2個字元後為110000，也就是十進位的48，如下圖所示：

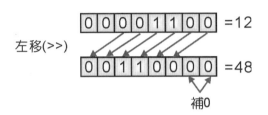

■ >>（右移）

右移運算子（>>）例如將a的內容向右移動2個位元，如：a=12，以二進位來表示為1100，向右移2個字元後為0011，也就是十進位的3，如下圖所示：

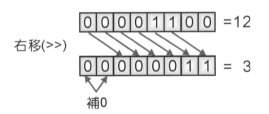

以下程式範例將在程式中宣告a=12，對38進行4種位元邏輯運算子的運算結果，並對a分別左移與右移兩個位元的輸出結果。

【範例程式：**bit_shift.py**】位元運算子與位移運算子綜合運用

```
01 # -*- coding: utf-8 -*-
02 """
03 位元運算子綜合應用
```

```
04 """
05
06 a=12
07 print("%d&38=%d" %(a,a&38))  #AND運算
08 print("%d|38=%d" %(a,a|38)) #OR運算
09 print("%d^38=%d" %(a,a^38)) #XOR運算
10 print("～%d=%d"%(a,～a))    #NOT運算
11 print("%d<<2=%d" %(a,a<<2)) #左移運算
12 print("%d>>2=%d" %(a,a>>2))
```

【執行結果】

```
12&38=4
12|38=46
12^38=42
~12=-13
12<<2=48
12>>2=3
```

3-7 運算子優先順序

　　一個運算式中往往包含了許多運算子，運算子優先順序會決定程式執行的順序，這對執行結果有重大影響，不可不慎。如何來安排彼此間執行的先後順序，就需要依據優先權來建立運算規則了。記得小時候數學課時，最先背誦的口訣就是「先乘除，後加減」，這就是優先順序的基本概念。所以在處理一個多運算子的運算式時，有一些規則與步驟是必須要遵守，如下所示：

1. 當遇到一個運算式時，先區分運算子與運算元。

2. 依照運算子的優先順序作整理的動作。

3. 將各運算子根據其結合順序進行運算。

　　通常運算子會依照其預設的優先順序來進行計算，但是也可利用「()」括號來改變優先順序。以下是Python中各種運算子計算的優先順序：

運算子	說明
()	括號
not - +	邏輯運算NOT 負數 正數
* / %	乘法運算 除法運算 餘數運算
+ -	加法運算 減法運算
> >= < <=	比較運算大於 比較運算大於等於 比較運算小於 比較運算小於等於
== !=	比較運算等於 比較運算不等於
and or	邏輯運算AND 邏輯運算OR
=	指定運算

　　以下範例如果假設「a= 12, b= 2」，有一個運算式，請寫一支程式可以輸出如下的6*(24/a + (5+a)/b)運算式外觀結果。

```
a= 12
b= 2
6*(24/a + (5+a)/b)= 63.0
```

【範例程式：precedence.py】

```
01 a = 12
02 b = 2
03 c = 6*(24/a + (5+a)/b)
04
05 print("a=", a)
06 print("b=", b)
07 print("6*(24/a + (5+a)/b)=", c)
```

3-8 上機綜合練習

1. 以下程式範例輸入兩次段考成績及期末考成績，段考只需其中一次及格（大於60分）即可，而期末考必須及格，學期成績才會及格，如及格輸出PASS，否則輸出FAIL。

```
請輸入第一次段考成績：85

請輸入第二次段考成績：64

請輸入期末考成績：58
FAIL
```

解答：coursePassOrFail.py

2. 請設計成績單統計程式，並輸入10位學生的姓名、數學、英文及國文三科的成績，接著計算總分、平均，並由平均判斷屬於甲、乙、丙、丁哪一個等級。

姓名	總分	平均	等級
王小華	242	81	甲
陳小凌	179	60	乙
周小杰	136	45	丁
胡小宇	265	88	甲
蔡小琳	229	76	乙
方小花	285	95	甲
林小傑	232	77	乙
黃小偉	160	53	丙
陳小西	181	60	乙
胡小凌	291	97	甲

解答：Review_scores.py

本章課後習題

一、填充題

1. 運算式是由_____與_____所組成。

2. Python指派運算子有兩種指派方式：_____及_____。

3. 邏輯運算子包括_____、_____、_____運算子。

4. 在Python程式語言中，當使用and、or運算子做邏輯運算時，會採用所謂的_____來加快執行速度。

5. 比較運算子的優先順序都是相同的，會_____依序執行。

二、問答與實作

1. 請問執行下列程式碼得到的result值是多少？

```
n1 = 80
n2 = 9
result = n1 % n2
```

2. 請問執行下列程式碼得到的result值是多少？

```
n1 = 4
n2 = 2
result = n1 ** n2
```

3. 請依運算子優先順序試算下列程式的輸出結果？

```
a = 18
b = 3
c = 6*(24/a + (5+a)/b)
print("6*(24/a + (5+a)/b)=", c)
```

4. 請寫出下列程式的輸出結果？

```
x= 25
y = 78
print(x> y and x == y)
```

5. 請寫出下列程式的輸出結果？

```
a =5
b =4
c =3

x = a + b * c
print("{}".format(x))
a += c
print("a={0}".format(a,b))
a //= b
print("a={0}".format(a,b))
a %= c
```

6. a=15，則「a&10」的結果值為何？

7. 試說明～NOT運算子的作用。

8. 請問「==」運算子與「=」運算子有何不同？

9. 指定運算子左右側的運算元使用上有要注意的地方，請舉例一種不合法的指定方式？

10. 處理一個多運算子的運算式時，有哪些規則與步驟是必須要遵守？

11. 已知a=20、b=30，請計算下列各式的結果：

```
a-b%6+12*b/2
(a*5)%8/5-2*b
(a%8)/12*6+12-b/2
```

第四章

流程控制導引

　　程式的進行順序可不像我們中山高速公路，由北到南一路通到底，有時複雜到像北宜公路上的九彎十八拐，幾乎讓人暈頭轉向。Python主要是依照原始碼的順序由上而下執行，不過有時也會視需要來改變順序，此時就可由流程控制指令來告訴電腦，應該優先以何種順序來執行指令。Python包含了三種常用的流程控制結構，分別是「循序結構」（sequential structure）、「選擇結構」（selection structure）以及「重複結構」（repetition structure）。本章將會開始跟各位討論Python的各種流程控制結構。

程式執行流程就像四通八達的公路

4-1 循序結構

循序結構就是一種直線進行的概念

　　循序結構就是由上而下，一個程式指令接著一個程式指令來執行的指令，如下圖所示：

　　程式區塊（Statement Block）可以被看作是一個最基本的指令區，使用上就像一般的程式指令，而它也是循序結構中的最基本單元，大部分的程式語言（如C/C++、Java）是以大括號 { } 將多個指令包圍起來，這樣以

大括號包圍的多行指令，就稱作程式區塊。形式如下所示：

```
{
  指令1：
  指令2：
  指令3：
}
```

至於Python程式裡的區塊，主要是透過「縮排」來表示，縮排可以使用空白鍵或Tab鍵產生空格鍵，建議以4個空格鍵進行縮排，各位只要以Tab鍵或相同字元的空格鍵都能達到同一程式區塊縮排的效果。例如if/else冒號「:」的下一行程式必須縮排，例如：

```
score = 80

if score > 60:
    print("及格")
else:
    print("不及格")
```

Python程式碼裡的縮排對執行結果有很大的影響，也因此Python對於縮排非常嚴謹，同一個區塊的程式碼必須使用相同的空白數進行縮排，否則就會出現錯誤。對於同一個檔案的程式碼，縮排時如果採用Tab鍵最能維持其一致性，這是Python語言的特有語法，這種作法其實是希望撰寫程式的人養成縮排的習慣。

4-2 認識選擇結構

汽車行進路口該轉向哪個方向就是種選擇結構

選擇結構（selection structure）是一種條件控制指令，包含有一個條件判斷式，如果條件為真，則執行某些指令；一旦條件為假，則執行另一些指令。選擇結構的條件指令是讓程式能夠選擇應該執行的程式碼，就好比各位開車到十字路口，可以根據不同的狀況來選擇需要的路徑。如下圖所示：

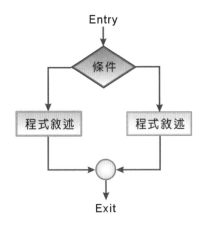

4-2-1 if條件指令

對於Python程式設計來說，if 條件指令是個相當普遍且實用的指令。當if的判斷條件成立時（傳回1），程式將執行縮排的程式碼區塊；否則判斷條件不成立（傳回0）時，則不執行縮排的程式碼區塊，並結束if指令。在設計程式的過程中，如果遇到只有單一測試條件時，這時就需要用到if單向判斷式來進行程式的編寫。其語法如下所示：

```
if 條件運算式:
    程式碼區塊
```

if指令搭配條件運算式，可以做布林判斷來取得真值或假值。在條件運算式之後要有「:」（半形冒號）來做作為縮排的開始。如果條件運算式的執行結果為真時，就必須執行這個程式碼區塊。

Tips

請注意！在Python程式語言中的條件式判斷中，符合條件需要執行的程式碼區塊內的所有程式指令，都必須縮排，否則解譯時會產生錯誤。

例如：

```
#單行指令
test_score=80
if test_score>=60:
    print("You Pass!")
```

其執行結果如下：

```
You Pass!
```

　　下面程式範例使用if條件敘述簡單判斷消費金額是否滿1200元，如果沒有滿1200元，則加收一成服務費。

【範例程式：**if.py**】if條件敘述判斷是否加收服務費

```
01 Money=int(input("請輸入消費的金額:"))
02 if Money<1200:
03     Money*=1.1; #消費未滿 1200，加收服務費1成
04 print("需繳付的實際金額是 %5.0f 元" %Money)
```

【執行結果】

```
請輸入消費的金額:500
需繳付的實際金額是    550 元
```

【程式碼解析】

● 第1行輸入消費的金額。

● 第2～3行由於if條件敘述只含括一行程式敘述（Money*=1.1），一旦消費金額不足1200時，就會執行第3行的加收服務費運算。

　　以下程式範例允許自行輸入一個體重數值，接著將輸入體重的字串型態轉換為整數，再利用if指令來判斷體重是否大於或等於80，如果判斷結果為真，則輸出「體重過胖，要小心身材變形」。

【範例程式：**if_weight.py**】if敘述與判斷體重是否過胖的應用範例

```
01 weight = input('請輸入體重: ')
02 andy = int(weight) #將輸入體重的字串型態轉換為整數
03 if andy >= 80:   #體重大於或等於80
04     print('體重過胖，要小心身材變形')
```

【執行結果】

```
請輸入體重： 85
體重過胖，要小心身材變形
```

【程式碼解析】

- 第1行：輸入體重，並將輸入的字串設定給weight變數。
- 第2行：將weight變數的字串透過int()函數轉換為整數，再將該整數值指定給andy變數。
- 第3～4行：單向判斷式if，如果判斷式成立則印出「體重過胖，要小心身材變形」。

以下程式範例是讓各位輸入停車時數，以一小時40元收費，當大於一小時才開始收費，並列印出停車時數及總費用。

【範例程式：**if_fee.py**】if敘述與列印出停車時數及總費用

```
01 print("停車超過一小時,每小時收費40元")
02 t=int(input("請輸入停車幾小時: ")) #輸入時數
03 if t>=1:
04     total=t*40 #計算費用
05     print("停車%d小時,總費用為:%d元" %(t,total))
```

【執行結果】

```
停車超過一小時,每小時收費40元
請輸入停車幾小時: 7
停車7小時,總費用為:280元
```

【程式解說】

- 第2行：輸入停車時數。
- 第3行：利用if指令，當輸入的數字大於1時，會執行後方程式碼第 4～5行。

4-2-2 if...else條件指令

　　if...else條件式的作用是判斷條件式是否成立，是個相當普遍且實用的指令，當條件成立（True）就執行if裡的指令，條件不成立（False，或用0表示）則執行else的指令。如果有多重判斷，可以加上elif指令。if條件式的語法如下：

```
if 條件判斷式：
    #如果條件成立，就執行這裡面的指令
else：
    #如果條件不成立，就執行這裡面的指令
```

　　例如各位要判斷a變數的內容是否大於等於b變數，條件式就可以這樣寫：

```
if a >= b：
    #如果a大於等於b，就執行這裡面的指令
else：
    #如果a「不」大於或等於b，就執行這裡面的指令
```

　　if...else條件式流程圖如下：

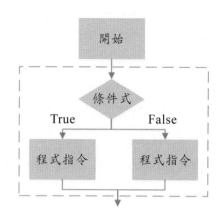

例如：

```
test_score=50
if test_score>=60:
    print("You Pass!")
else:
    print("You Fail")
```

其執行結果如下：

```
You Fail
```

另外如果if...else條件式使用and或or等邏輯運算子，建議加上括號區分執行順序，來提高程式可讀性。例如：

```
if (a==c) and (a>b)：
    #如果a等於c而且a大於b，就執行這裡面的指令
else：
    #如果上述條件不成立，就執行這裡面的指令
```

另外，Python提供一種更簡潔的if...else條件表達式（conditional expressions），格式如下：

```
X if C else Y
```

根據條件式傳回兩個運算式的其中一個，上式當C為真時傳回X，否則傳回Y。例如判斷整數X是奇數或偶數，原本程式會這樣表示：

```
if (x % 2)==0:
    y="偶數"
else:
    y="奇數"
print('{0}'.format(y))
```

改成表達運算式只要簡單一行程式就能達到同樣的目的，如下行所示：

```
print('{0}'.format("偶數" if (X % 2)==0 else "奇數"))
```

當if判斷式為真就傳回「偶數」，否則傳回「奇數」。

或者再來看一個例子，例如先要求使用者輸入身高，如果輸入的身高大於或等於180，則列印出「身高不錯」，但如果小於180，則列印出「身高不算高」。如果以三元運算元來加以表示，其語法如下：

```
height = int(input('請輸入身高：'))
print('身高不錯' if height >= 180 else '身高不算高')
```

其執行結果如下：

```
請輸入身高：168
身高不算高
```

以下程式範例就是一個if...else條件判斷式的應用範例，可以判斷所輸入的數字是否為5的倍數。

【範例程式：**if_else.py**】if...else條件判斷式的應用範例一

```
01 num = int(input('請輸入一個整數？'))
02 if num%5:
03     print(num, '不是5的倍數')
04 else:
05     print(num, '為5的倍數')
```

【執行結果】

```
請輸入一個整數？58
58  不是5的倍數
```

```
請輸入一個整數？40
40  為5的倍數
```

【程式碼解析】

- 第1行：輸入一個整數，並將該值設定給變數num。
- 第2~5行：利用「num%5」取除以5的餘數作為if指令的條件式判斷。

以下程式範例就是利用if...else指令讓使用者輸入一整數，並判斷是否為2或3的倍數，不過卻不能為6的倍數。

【範例：**if_else-1.py**】if...else指令條件判斷式的應用範例二

```
01  value=int(input("請任意輸入一個整數："))  #輸入一個整數
02  #判斷是否為2或3的倍數
03  if value%2==0 or value%3==0:
04      if value%6!=0:
05          print("符合所要的條件")
06      else:
07          print("不符合所要的條件")  #為6的倍數
08  else:
09      print("不符合所要的條件")
```

【執行結果】

```
請任意輸入一個整數：8
符合所要的條件
```

【程式碼解析】

● 第1行：請任意輸入一個整數。

● 第3行：利用if指令判斷是否為2或3的倍數，與第8行的else指令為一組。

● 第4～7行：則是一組if...else指令，用來判斷是否為6的倍數。

　　以下程式範例將透過實際範例來練習if...else指令的用法。範例題目是製作一個簡易的閏年判斷程式，讓使用者輸入西元年（4位數的整數year），判斷是否為閏年。滿足下列兩個條件之一即是閏年：

① 逢4年閏（除4可整除）但逢100年不閏（除100不可整除）

② 逢400年閏（除400可整除）

【範例程式：leapYear.py】閏年判斷程式

```
01 # -*- coding: utf-8 -*-
02 """
03 程式名稱：閏年判斷程式
04 題目要求：
05 輸入西元年(4位數的整數year)判斷是否爲閏年
06 條件1.逢4閏(除4可整除)而且逢100不閏(除100不可整除)
07 條件2.逢400閏(除400可整除)
08 滿足兩個條件之一即是閏年
09 """
10 year = int(input("請輸入西元年分："))
11
12 if (year % 4 == 0 and year % 100 != 0) or (year % 400 == 0):
13     print("{0}是閏年".format(year))
14 else :
15     print("{0}是平年".format(year))
```

【執行結果】

```
請輸入西元年分：2016
2016是閏年
```

【程式碼解析】

● 第10行：輸入一個西元年分，但記得要利用int()函數將其轉換成整數型別。

● 第12～15行：判斷是否爲閏年，條件1.逢4閏（除4可整除）而且逢100不閏（除100不可整除），條件2.逢400閏（除400可整除），滿足兩個條件之一即是閏年。

4-2-3 if...elif...else指令

　　在之前我們使用了if和else敘述來做判斷，當條件成立時執行if敘述，反之則執行else敘述。可是有時候您可能想要做多點不同但相關條件的判斷，然後根據判斷結果來執行程式。雖然使用多重if條件指令可以解決各種條件下的不同執行問題，但始終還是不夠精簡，這時elif 條件指令就能派上用場了，還可以讓程式碼可讀性更高。

　　請留意！if敘述視我們程式中邏輯上的需求，後面並不一定要有elif和else，可以只有if，或是if/else，或是if/elif/else三種情形。格式如下：

```
if 條件判斷式1：
    #如果條件判斷式1成立，就執行這裡面的指令
elif 條件判斷式2：
    #如果條件判斷式2成立，就執行這裡面的指令
else：
    #如果上面條件都不成立，就執行這裡面的指令
```

　　以下為if...elif...else條件敘述的流程圖：

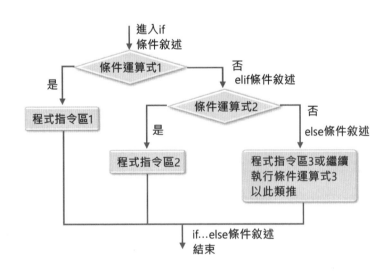

就以if/elif指令將分數做成績等級的判斷，其程式碼簡述如下：

```
score=9000
if score >= 10000:
    print('通過遊戲的第4關卡')
elif score >= 8000:
    print('通過遊戲的第3關卡')
elif score >= 6000:
    print('通過遊戲的第2關卡')
elif score >= 4000:
    print('通過遊戲的第1關卡')
else:
    print('沒有通過遊戲的任何關卡')
```

上述程式的執行結果如下：

通過遊戲的第3關卡

以下程式範例可以讓消費者輸入購買金額，並且依據不同的消費等級有不同的折扣，請使用if...elif指令來輸出最後要花費的金額：

消費金額	折扣
10萬元	15%
5萬元	10%
2萬元以下	5%

【範例程式：**discount.py**】購物折扣

```
01 cost=float(input("請輸入消費總金額:"))
02 if cost>=100000:
```

```
03      cost=cost*0.85 #10萬元以上打85折
04 elif cost>=50000:
05      cost=cost*0.9  #5萬元到10萬元之間打9折
06 else:
07      cost=cost*0.95 #5萬元以下打95折
08 print("實際消費總額:%.1f元" %cost)
```

【執行結果】

```
請輸入消費總金額:1800
實際消費總額:1710.0元
```

【程式碼解析】

- 第1行：輸入消費總金額，變數採用單精度浮點數型態，因為結果會有小數點位數。
- 第2行：if判斷式，如果cost是10萬元以上打85折。
- 第4行：elif判斷式，如果cost是5萬元到10萬元之間打9折。
- 第6行：else指令，判斷如果cost小於5萬元，則打95折。

以下範例則是利用if判斷所查詢的成績屬於哪一種等級。除此之外，以下程式還加入了另外一個判斷，當所輸入的月分整數值沒有介於0到100之間，則會輸出「輸入錯誤, 所輸入的數字必須介於0-100間」的提示訊息。

【範例程式：**nested_if.py**】巢狀if的綜合使用範例

```
01 # -*- coding: utf-8 -*-
02 """
03 巢狀if的綜合使用範例
04 """
```

```
05 score = int(input('請輸入期末總成績：'))
06
07 # 第一層 if/else指令 判斷所輸入月分是否介於1到12之間
08 if score >= 0 and score <= 100:
09     # 第二層 if/elif/else指令
10     if score <60:
11         print('{0} 分以下無法取得合格證書'.format(score))
12     elif score >= 60 and  score <70:
13         print('{0} 分的成績等級是D級'.format(score))
14     elif score >= 70 and  score <80:
15         print('{0} 分的成績等級是C級'.format(score))
16     elif score >= 80 and  score <90:
17         print('{0} 分的成績等級是B級'.format(score))
18     else:
19         print('{0} 分的成績等級是A級'.format(score))
20 else:
21     print('輸入錯誤, 所輸入的數字必須介於0-100間')
```

【執行結果】

```
請輸入期末總成績：85
85 分的成績等級是B級
```

【程式碼解析】

- 第7～21行：第一層if/else指令判斷所輸入月分是否介於1到12之間。
- 第10～19行：第二層if/elif/else指令，判斷所查詢的成績屬於哪一種等級。

4-3 重複結構

「重複結構」或稱為迴圈（loop）結構，就是一種迴圈控制格式，根據所設立的條件，重複執行某一段程式指令，直到條件判斷不成立，才會跳出迴圈。例如各位想要讓電腦在螢幕上印出100個字元「A」，並不需要大費周章地撰寫100次輸出指令，這時只需要利用重複結構就可以輕鬆達成。也就是說，對於程式中需要重複執行的程式敘述，都可以交由迴圈來完成。在Python中提供了for、while兩種迴圈指令來執行重複程式碼的工作。不論是for迴圈或是while迴圈，主要都是由底下的兩個基本元素組成：

1. 迴圈的執行主體，由程式敘述或複合敘述組成。
2. 迴圈的條件判斷，決定迴圈何時停止執行。

重複結構就是一種繞圈圈的概念

4-3-1 for迴圈

for迴圈又稱為計數迴圈，是程式設計中較常使用的一種迴圈形式，可以重複執行固定次數的迴圈。如果程式設計上所需要的迴圈執行次數固定，那麼for迴圈指令就是最佳選擇。下圖則是for迴圈的執行流程圖：

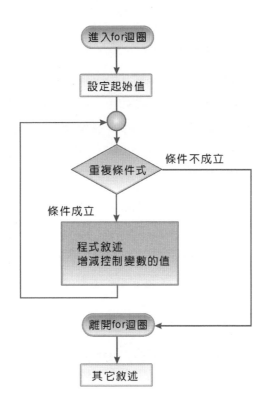

Python的for迴圈可以利用走訪任何序列項目來操作，至於序列項目可以是數字串列、列表（list）或字串（string），按序列順序執行，語法架構如下：

```
for 元素變數 in 序列項目：
    #所要執行的指令
```

> **Tips**
>
> **序列資料型別**
>
> 　　在Python語言序列資料型別可以將多筆資料集合在一起，序列中的資料稱為元素（element）或項目（item），透過「索引值」可以取得存於序列中所需的資料元素。例如：串列（list）、值組（tuple）或字串都是一種序列型別的資料類型。有關複合式資料型別在第5章會有詳細的說明。

　　上述Python語法所代表的意義是for迴圈會將一序列（sequence），例如字串（string）或串列（list）內所有的元素走訪一遍，走訪的順序是依目前序列內元素項目（item）的順序來處理。例如下列的x變數值都可以作為for迴圈的走訪序列項目：

```
x = "abcdefghijklmnopqrstuvwxyz"
x = ['Sunday', 'Monday', 'Tuesday', 'Wednesday', 'Thursday', 'Friday',
'Saturday']
x = [1, 2, 3, 4, 5, 6, 7, 8, 9, 10]
```

　　例如下段程式碼充分示範了如何利用for迴圈走訪字串項目：

```
x = "abcdefghijklmnopqrstuvwxyz"
for i in x:
    print(i,end='')
```

　　其執行結果如下：

```
abcdefghijklmnopqrstuvwxyz
```

又例如下段程式碼充分示範了如何利用for迴圈走訪串列項目：

```
x = ['Sunday', 'Monday', 'Tuesday', 'Wednesday', 'Thursday', 'Friday',
'Saturday']
for i in x:
    print(i)
```

其執行結果如下：

```
Sunday
Monday
Tuesday
Wednesday
Thursday
Friday
Saturday
```

又例如下段程式碼充分示範了如何利用for迴圈走訪串列項目，同時利用title()方法將第一個字母以大寫顯示：

```
x = ['michael', 'tom', 'andy', 'june', 'axel']
print("我有幾位好朋友: ")
for friend in x:
    print(friend.title()+ " 是我的好朋友")
```

其執行結果如下：

```
我有幾位好朋友：
Michael 是我的好朋友
Tom 是我的好朋友
Andy 是我的好朋友
June 是我的好朋友
Axel 是我的好朋友
```

又例如下段程式碼充分示範了如何利用for迴圈走訪串列項目：

```
x = [1, 2, 3, 4, 5, 6, 7, 8, 9, 10]
for i in x:
    print(i,end=' ')
```

其執行結果如下：

```
1 2 3 4 5 6 7 8 9 10
```

4-3-2 range()函數

Python也提供range()函數來搭配for迴圈，這個函數主要功能是建立整數序列， range()函數的語法如下：

range([起始值], 終止條件[, 間隔值])

● **起始值**：預設為0，參數值可以省略。
● **終止條件**：必要參數不可省略。
● **間隔值**：計數器的增減值，預設值為1。

●**1個參數**

range（整數值）會產生的串列是0到「整數值-1」的串列，例如range(4)表示會產生[0,1,2,3]的串列。

●**2個參數**

range（起始值，終止值）會產生的串列是「起始值」到「終止值-1」的串列，例如range(2,5)表示會產生[2,3,4]的串列。

● 3個參數

　　range（起始值，終止值，間隔值）會產生的串列是「起始值」到「終止值-1」的串列，但每次會遞增間隔值，例如：range(2,5,2)表示會產生[2,4]的串列，這是因為每次遞增2的原因。

　　例如：

● range(5)代表由索引值0開始，輸出5個元素，即0,1,2,3,4共5個元素。

● range(1,11)代表由索引值1開始，到索引編號11前結束，也就是說索引編號11不包括在內，即1,2,3,4,5,6,7,8,9,10共10個元素。

● range(4,12,2)代表由索引值4開始，到索引編號12前結束，也就是說索引編號12不包括在內，遞增值為2，即4,6,8,10共4個元素。

　　下段的程式碼示範了在for迴圈中搭配使用range()函數輸出1到10，每個數字間則以一個空格隔開。

```
for x in range(1,11): #數值1～10
    print(x, end=" ")
print()
```

　　就會得到如下的輸出結果：

```
1 2 3 4 5 6 7 8 9 10
```

　　下段的程式碼示範了如何利用for迴圈印出指定數量的特殊符號。

```
n=int(input("請輸入要列印錢符號的數量: "))
for x in range(n): #迴圈次數為n
    print("$",end="")
print()
```

就會得到如下的輸出結果：

```
請輸入要列印錢符號的數量： 10
$$$$$$$$$$
```

以下範例程式則是利用for/迴圈，配合range()函數來計算數字加總。

【範例程式：**range.py**】以range()函數來計算11～20的數字加總

```
01 sum = 0 #儲存加總結果,初值為0
02 print('進行加總前的起始值', sum) #輸出加總前的起始值
03 for i in range(11, 21):
04     sum += i  #將數值累加
05     print('累加值=', sum) #輸出累加結果
06 else:
07     print('數值累加完畢...')
```

【執行結果】

```
進行加總前的起始值  0
累加值=  11
累加值=  23
累加值=  36
累加值=  50
累加值=  65
累加值=  81
累加值=  98
累加值=  116
累加值=  135
累加值=  155
數值累加完畢. . .
```

【程式碼解析】

- 第1行：設定變數sum的初值為0，是用來儲存加總結果。
- 第2行：輸出加總前的起始值。
- 第3～5行：for迴圈的執行區塊。其中的range(11,21)表示由11開始，21結束，也就是說，當數值為21時，就會結束迴圈的執行工作，以本例來說，就只會將數值11～20做累加動作。
- 第7行：如果for迴圈執行結束則會印出「數值累加完畢……」。

Tips

在使用for迴圈時還有一個地方要特別留意，就是print()函式！如果該print()有縮排的話，就表示在for迴圈內要執行的工作，就會依照執行次數來輸出。如果沒有縮排，就表示不在for迴圈內，只會輸出最後的結果。

以下程式範例說明如何利用for迴圈進行某一個數字範圍內5的倍數進行加總。

【範例：**sum5.py**】某一個數字範圍內5的倍數進行加總

```
01 # -*- coding: utf-8 -*-
02 """
03 某一個數字範圍內5的倍數進行加總
04 """
05 sum = 0 #儲存加總結果
06
07 # 進入for/in迴圈
08 for count in range(0, 21, 5):
09     sum += count #將數值累加
10
11 print('5的倍數累加結果=',sum) #輸出累加結果
```

CHAPTER

4

【執行結果】

5的倍數累加結果 = 50

【程式碼解析】

● 第8～9行：將5、10、15、20數字進行累加。

4-3-3 巢狀迴圈

接下來還要為各位介紹一種for的巢狀迴圈（nested loop），也就是多層次的for迴圈結構。在巢狀for迴圈結構中，執行流程必須先等內層迴圈執行完畢，才會逐層繼續執行外層迴圈。例如兩層式的巢狀for迴圈結構格式如下：

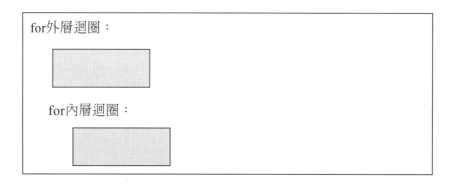

許多人會利用巢狀迴圈繪製特殊外觀的圖案，例如以下的程式碼就可以繪製三角形圖案：

```
n=int(input("請輸入要產生圖案的魔術數字: "))
for x in range(1,n+1): #迴圈次數為n
```

```
for j in range(1,x+1):
    print("*",end="")
print()
```

就會得到如下的輸出結果：

```
請輸入要產生圖案的魔術數字： 8
*
* *
* * *
* * * *
* * * * *
* * * * * *
* * * * * * *
* * * * * * * *
```

又例如九九乘法表，就可以利用兩個for迴圈輕鬆完成。以下範例就來看看如何利用兩個for迴圈製作九九乘法表。

【範例程式：**99table.py**】九九乘法表

```
01 """
02 程式名稱：九九乘法表
03 """
04 for x in range(1, 10):
05     for y in range(1, 10):
06         print("{0}*{1}={2: ^2}".format(y, x, x * y), end=" ")
07     print()
```

【執行結果】

```
1*1=1   2*1=2   3*1=3   4*1=4   5*1=5   6*1=6   7*1=7   8*1=8   9*1=9
1*2=2   2*2=4   3*2=6   4*2=8   5*2=10  6*2=12  7*2=14  8*2=16  9*2=18
1*3=3   2*3=6   3*3=9   4*3=12  5*3=15  6*3=18  7*3=21  8*3=24  9*3=27
1*4=4   2*4=8   3*4=12  4*4=16  5*4=20  6*4=24  7*4=28  8*4=32  9*4=36
1*5=5   2*5=10  3*5=15  4*5=20  5*5=25  6*5=30  7*5=35  8*5=40  9*5=45
1*6=6   2*6=12  3*6=18  4*6=24  5*6=30  6*6=36  7*6=42  8*6=48  9*6=54
1*7=7   2*7=14  3*7=21  4*7=28  5*7=35  6*7=42  7*7=49  8*7=56  9*7=63
1*8=8   2*8=16  3*8=24  4*8=32  5*8=40  6*8=48  7*8=56  8*8=64  9*8=72
1*9=9   2*9=18  3*9=27  4*9=36  5*9=45  6*9=54  7*9=63  8*9=72  9*9=81
```

以下範例已知有一公式如下，請設計一程式可輸入k值，求 π 的近似值：

$\dfrac{\pi}{4} = \displaystyle\sum_{n=0}^{k} \dfrac{(-1)^n}{2n+1}$ ，其中k的值越大， π 的近似值越精確，本程式中限定只能使用for迴圈。

【範例程式：**pi.py**】計算 π 的近似值

```
01 sigma−0
02 k=int(input("請輸入k值：")) #輸入k值
03 for n in range(0,k,1):
04     if n & 1: #如果n是奇數
05         sigma += float(-1/(2*n+1))
06     else: #如果n是偶數
07         sigma += float(1/(2*n+1))
08 print("PI = %f" %(sigma*4))
```

【執行結果】

```
請輸入k值：10000
PI = 3.141493
```

【程式碼解析】

● 第1行：給定sigma的初始值。

● 第2行：輸入k值。

● 第3～8行：以題目給定的公式，配合for迴圈，求 π 的近似值並輸出。

4-3-4 while迴圈指令

如果所要執行的迴圈次數已確定，那麼使用for迴圈指令就是最佳選擇。但對於某些不確定次數的迴圈，while迴圈就可以派上用場了。while結構與for結構類似，都是屬於前測試型迴圈。兩者之間最大不同處是在於for迴圈需要給它一個特定的次數；而while迴圈則不需要，它只要在判斷條件持續為True的情況下就能一直執行。

while迴圈內的指令可以是一個指令或是多個指令形成的程式區塊。在實際的Python語法上while保留字後面到冒號「:」之間的運算式，是用來判斷是否執行迴圈的測試條件，語法格式如下：

```
while 條件運算式：
    要執行的程式指令
```

當程式遇到while迴圈時，它會先判斷條件運算式中的條件，如果條件成立那麼程式就會執行while迴圈下的敘述一次，完成後，while迴圈會再次判斷條件，如果還成立那麼就繼續執行迴圈，當條件不成立時迴圈就中止。例如下面的程式：

```
i=1
while i < 10:   #迴圈條件式
```

```
print( i )
i += 1　#調整變數增減值
```

當i小於10時會執行while迴圈內的指令,所以i會加1,直到i等於10,條件式為False,就會跳離迴圈了。接著請看以下例子說明:

```
sum=0
count = 0 #計數器
while count <= 20:
    sum += count #將3的倍數累加
    count += 3
print('1～20之間的3的倍數總和為 ', sum) #輸出累加結果
```

上面例子中的while迴圈變數sum是被用來儲存累加結果;count被設計成一個計數器,是用來取得指定數值範圍內中所有3的倍數,因此迴圈每執行一次就將count值加3。

以下程式範例是應用while迴圈由外部輸入捐款金額,並同步進行累計工作,直到捐款金額為0時會輸出最後所有小額捐款的金額總和。

【範例程式:**donate.py**】:小額捐款的金額總和

```
01 total = 0
02 money = -1
03 count = 0 #計數器
04
05 # 進入while迴圈
06 while money != 0:
07     money = int(input('輸入捐款金額:')) #以int()轉為整數
08     total += money
```

```
09      print('累計:', total)
10
11 print('最後總捐款金額總計:', total, '元')
```

【執行結果】

```
輸入捐款金額：52
累計： 52
輸入捐款金額：68
累計： 120
輸入捐款金額：58
累計： 178
輸入捐款金額：54
累計： 232
輸入捐款金額：89
累計： 321
輸入捐款金額：81
累計： 402
輸入捐款金額：0
累計： 402
最後總捐款金額總計： 402 元
```

【程式碼解析】

● 第1行：設定total變值的初值為0，是用來累計捐款金額的總額。
● 第2行：任意設定money變數的值，例如此處設定money=-1，以作為進入迴圈的初始條件。
● 第6行：進入while迴圈，條件運算式「money != 0」表示輸入0值才會結束迴圈。變數total儲存加總的金額，此變數的預設值為0。

以下程式範例是以while迴圈來計算當某數1000依次減去1,2,3…直到哪一數時，相減的結果為負。

【範例：**while.py**】：while條件敘述的說明與應用範例

```
01  x,sum=1,1000
02  while sum>0: #while迴圈
03      sum-=x
04      x=x+1
05  print(x-1)
```

【執行結果】

45

【程式碼解析】

● 第2行：定義while迴圈的成立條件為只要sum>0，sum就依次減去x的
　值。但相對的x每進迴圈一次就累加一次，最後迴圈條件不成立時，
　顯示最後的x值為多少。

　　以下程式範例利用輾轉相除法與while迴圈來設計一Python程式，來
求取任意輸入兩數的最大公因數（g.c.d）。

【範例程式：**divide.py**】：求取兩正整數的最大公因數

```
01  print("求取兩正整數的最大公因數(g.c.d):")
02  print("輸入兩個正整數:")
03  #輸入兩數
04  Num1=int(input())
05  Num2=int(input())
06  if Num1 < Num2:
07      TmpNum=Num1
08      Num1=Num2
09      Num2=TmpNum#找出兩數較大值
```

```
10 while Num2 != 0:
11     TmpNum=Num1 % Num2
12     Num1=Num2
13     Num2=TmpNum #輾轉相除法
14 print("最大公因數(g.c.d)的值為:%d" %Num1)
```

【執行結果】

```
求取兩正整數的最大公因數(g.c.d):
輸入兩個正整數:
72
60
最大公因數(g.c.d)的值為:12
```

【程式碼解析】

● 第4～5行：輸入兩整數。
● 第6～9行：找出兩數較大值。
● 第10～13行：輾轉相除法。
● 第14行：輸出這個整數的最大公因數。

4-4 迴圈控制指令

　　事實上，迴圈並非一成不變的重複執行。可藉由迴圈控制指令，更有效的運用迴圈功能，例如必須中斷，讓迴圈提前結束，這時可以使用break或continue指令。

4-4-1 break指令

　　break指令的主要用途是用來跳出迴圈，break指令就像它的英文意義一般，代表中斷的意思，它是用來跳離最近的for、while的程式迴圈，並將控制權交給所在區塊之外的下一行程式。也就是說，break指令是用來中斷目前迴圈的執行。

　　break指令通常會與if條件指令連用，用來設定在某些條件一旦成立時，即跳離迴圈的執行。由於break指令只能跳離本身所在的這一層迴圈，如果遇到巢狀迴圈包圍時，可就要逐層加上break指令，語法格式如下：

```
break
```

　　例如：

```
for x in range(1, 10):
    if x == 5:
        break
    print( x, end=" ")
```

　　其執行結果如下：

```
1 2 3 4
```

　　在以下範例程式中我們先設定要存放累加的總數total為0，再將每執行完一次迴圈後將i變數（i的初值為1）累加2，執行1+3+5+7+...99的和。直到i等於101後，就利用break的特性來強制中斷while迴圈。

【範例程式：**break.py**】：break敘述的說明與使用範例

```
01 # break練習
02 total=0
03 for i in range(1,201,2):
04     if i==101:
05         break #跳出迴圈
06     total+=i
07 print("1～99的奇數總和:%d" %total)
```

【執行結果】

```
1~99的奇數總和:2500
```

【程式碼解析】

● 第3～6行：執行for迴圈，當i=101時，則執行break指令跳出迴圈。

接下來程式範例則是利用break指令來控制九九乘法表的輸出程式，我們只計算1～9數字到第7為止的乘法表項目。

【範例程式：**breaktable.py**】利用break指令來控制九九乘法表的輸出

```
01 # 九九乘法表的雙重迴圈
02 for i in range(1,10):
03     for j in range (1,10):
04         print('{0}*{1}={2:2d}  '.format(i,j,i*j), sep='\t',end='')
05         if j>=7:
06             break #設定跳出的條件
07     print('\n-------------------------------------------------------\n')
```

【執行結果】

```
1*1= 1   1*2= 2   1*3= 3   1*4= 4   1*5= 5   1*6= 6   1*7= 7
------------------------------------------------------------------
2*1= 2   2*2= 4   2*3= 6   2*4= 8   2*5=10   2*6=12   2*7=14
------------------------------------------------------------------
3*1= 3   3*2= 6   3*3= 9   3*4=12   3*5=15   3*6=18   3*7=21
------------------------------------------------------------------
4*1= 4   4*2= 8   4*3=12   4*4=16   4*5=20   4*6=24   4*7=28
------------------------------------------------------------------
5*1= 5   5*2=10   5*3=15   5*4=20   5*5=25   5*6=30   5*7=35
------------------------------------------------------------------
6*1= 6   6*2=12   6*3=18   6*4=24   6*5=30   6*6=36   6*7=42
------------------------------------------------------------------
7*1= 7   7*2=14   7*3=21   7*4=28   7*5=35   7*6=42   7*7=49
------------------------------------------------------------------
8*1= 8   8*2=16   8*3=24   8*4=32   8*5=40   8*6=48   8*7=56
------------------------------------------------------------------
9*1= 9   9*2=18   9*3=27   9*4=36   9*5=45   9*6=54   9*7=63
------------------------------------------------------------------
```

【程式碼解析】

- 第2~6行：兩層巢狀迴圈。
- 第5~6行：設定當j大於或等於數字7時，就跳出內層迴圈，再從外層的for迴圈執行。

4-4-2 continue指令

　　相較於break指令跳出迴圈，continue指令則是指繼續下一次迴圈的運作。也就是說，如果想要終止的不是整個迴圈，而是想要在某個特定的條件下時，才終止某次的迴圈執行時，就可使用continue指令。continue指令只會直接略過底下尙未執行的程式碼，並跳至迴圈區塊的開頭繼續下一個迴圈，而不會離開迴圈。語法格式如下：

continue

讓我們用下面的例子說明：

```python
for a in range(0,10,1):
    if a==3:
        continue
    print("a=%d" %a)
```

在這個例子中我們利用for迴圈來累加a的值，當a等於3的這個條件出現，我們利用continue指令來讓「print("a=%d" %a)」的執行被跳過去，並回到迴圈開頭(a==4)，繼續進行累加a及顯示出a值的程式，所以在顯示出來的數值中不會有3。請參考如下的執行結果：

```
a=0
a=1
a=2
a=4
a=5
a=6
a=7
a=8
a=9
```

再來看另一個例子，請看下面的程式碼：

```python
for x in range(1, 10):
    if x == 5:
        continue
    print( x, end=" ")
```

其執行結果：

```
1 2 3 4 6 7 8 9
```

當x等於5的時候執行continue指令，程式不會繼續往下執行，所以5沒有被print出來，for迴圈仍繼續運作。

以下程式是利用巢狀for迴圈與continue指令來設計如下圖的畫面，各位可以了解當執行到b==6時，continue指令會跳過該次迴圈，重新從下層迴圈來執行，也就是不會輸出6的數字：

```
1
12
123
1234
1234
12345
12345
123457
1234578
12345789
```

【範例程式：**continue.py**】巢狀for迴圈與continue指令應用範例

```
01  #continue練習
02  for a in range(10): #外層for迴圈控制y軸輸出
03      for b in range(a+1): #內層for迴圈控制x軸輸出
04          if b==6:
05              continue
06          print("%d " %b,end="")#印出b的值
07      print()
```

【執行結果】

```
0
0 1
0 1 2
0 1 2 3
0 1 2 3 4
0 1 2 3 4 5
0 1 2 3 4 5
0 1 2 3 4 5 7
0 1 2 3 4 5 7 8
0 1 2 3 4 5 7 8 9
```

【程式碼解析】

● 第2～7行：是個雙層巢狀迴圈，第4行的if指令，在b的值等於6時就會執行continue指令，而跳過第6行的print輸出程式，回到第2行的for迴圈繼續執行。

　　以下程式請撰寫一個Python程式能夠讓使用者輸入密碼，並且利用while迴圈、break與continue指令進行簡單密碼驗證工作，不過輸入次數以三次為限，超過三次則不准登入，假如目前密碼為3388。

【範例程式：**password.py**】簡單的密碼驗證程式

```
01 """
02 讓使用者輸入密碼，並且進行密碼驗證,
03 輸入次數以三次為限，超過三次則不准登入,
04 假如目前密碼為3388。
05 """
06 password=3388 #利用變數來儲存密碼以供驗證
07 i=1
08
09 while i<=3: #輸入次數以三次為限
10     new_pw=int(input("請輸入密碼:"))
```

CHAPTER

4

```
11      if new_pw != password: #如果輸入的密碼與預設密碼不同
12          print("密碼發生錯誤!!")
13          i=i+1
14          continue #跳回while開始處
15      else:
16          print("密碼正確!!")
17          break
18  if i>3:
19      print("密碼錯誤三次，取消登入!!\n"); #密碼錯誤處理
```

【執行結果】

（密碼錯誤三次的執行畫面）

```
請輸入密碼:1234
密碼發生錯誤!!
請輸入密碼:5678
密碼發生錯誤!!
請輸入密碼:1258
密碼發生錯誤!!
密碼錯誤三次，取消登入!!
```

（密碼輸入正確的執行畫面）

```
請輸入密碼:3388
密碼正確!!
```

【程式碼解析】

- 第6行：利用變數來儲存密碼以供驗證。
- 第9～17行：利用while迴圈、break與continue指令進行簡單密碼驗證工作，不過輸入次數以三次為限，超過三次則不准登入。
- 第18行：密碼錯誤處理的程式碼，此處會輸出「密碼錯誤三次，取消登入！！」。

CHAPTER

4

4-5 上機綜合練習

1. 下面程式範例是利用if...elif條件敘述實作一個點餐系統,並介紹如何增加條件判斷式的應用範圍。

```
目前提供的選擇如下
 0.查詢其他相關的點心資料
 1.吉事漢堡
 2.咖哩珍豬飽
 3.六塊麥克雞
請點選您要的項目:
2
這個項目的單價:55
```

解答:pos.py

2. 接下來的程式也是for迴圈的應用,我們知道符號「!」是代表數學上的階乘值。如4階乘可寫為4!,是代表1*2*3*4的值,5!=1*2*3*4*5,請計算出10!的值。

解答:fac.py

```
product=3628800
```

3. 以下程式範例相當簡單,是利用for迴圈指令來讓使用者輸入n值,並計算出1!+2!+...+n!的總和。如下所示:

```
1!+2!+3!+4!+...+(n-1)!+n!
```

```
請輸入任一整數:8
1!+2!+3!+...+8!=46233
```

解答:fac_total.py

4. 以下程式範例利用 while 迴圈，讓使用者輸入一個整數，並將此整數的每一個數字反向輸出，例如輸入 12345，則程式會反向輸出 54321。

```
請輸入任一整數：987654321
反向輸出的結果：123456789
```

解答：reverse.py

本章課後習題

一、填充題

1. 迴圈指令包含：可計次的＿＿＿＿＿＿迴圈和不可計次的＿＿＿＿＿＿迴圈。

2. 數字串列比較有效率的寫法，可以直接使用＿＿＿＿＿＿函數。

3. ＿＿＿＿＿＿指令是用來中斷迴圈的執行，並離開目前所在的迴圈。

4. ＿＿＿＿＿＿指令的功能是強迫 for、while 等迴圈指令，結束目前正在迴圈本體區塊內進行的程序，並將控制權轉移到迴圈開始處。

5. 迴圈結構通常需要具備三個要件：＿＿＿＿＿＿、＿＿＿＿＿＿、＿＿＿＿＿＿。

二、問答與實作

1. 請寫出下列指令中 while 迴圈輸出的 count 值。

```
count = 1
while count <= 14:
    print(count)
    count += 3
```

2. 以 while 迴圈撰寫 1～50 的偶數和。

3. 請試著撰寫一個程式，讓使用者傳入一數值 N，判斷 N 是否為 7 的倍數，是請印出 True，不是請印出 False。

4. 不論是for迴圈或是while迴圈，主要是哪兩個基本元素組成？

5. 以下程式的執行結果為何？

```
x = "13579"
for i in x:
    print(i,end=")
```

6. 以下程式的執行結果為何？

```
x = ['Love', 'Happy', 'Money']
for i in x:
    print(i)
```

7. 以下程式的執行結果為何？

```
for x in range(1,5,2):
    print(x, end=" ")
print()
```

8. 以下程式的執行結果為何？

```
product=1
for i in range(1,11,3):
    product*=i
print(product)
```

9. 以下程式的執行結果為何？

```
n=53179
while n!=0:
    print("%d" %(n%10),end=")
    n//=10
```

10. 請問以下程式碼的執行結果？

```
height=180
if height>=175:
    print("Tall")
```

11. 請問以下程式碼的執行結果？

```
X=20
print("5的倍數" if (X % 5)==0 else "不是5的倍數")
```

第五章

認識複合式資料型別

　　我們知道一般的變數能幫我們儲存一份資料，然而類似陣列這種有順序編號結構的延伸資料型態，在Python語言中就稱爲序列（sequence），序列型別可以將多筆資料集合在一起，序列中的資料稱爲元素（element）或項目（item），透過「索引值」可以取得存於序列中所需的資料元素。

序列可以將多筆資料集合在一起

　　除了基本資料型態及基礎語法，Python還提供了許多特殊資料型別的相關應用，包括tuple元組、list串列、dict字典、集合set等複合式資料型態，這些資料型態的組成元素除了有不同的資料型態，這些序列型資料型態還能互相搭配使用，可以更有效率解決許多問題，可以說是學習Python非常重要的關鍵。底下將四種容器資料型態先做個簡單介紹。

- tuple（序對）：資料放置於括號()內，資料有順序性，是不可變物件。
- list（串列）：資料放置於中括號[]內，資料有順序性，是可變物件。
- dict（字典）：是dictionary的縮寫，資料放置於大括號{}內，是「鍵」（key）與「值」（value）對應的物件，是可變物件。
- set（集合）：類似數學裡的集合概念，資料放置於大括號{}內，是可變物件，資料具有無序與互異的特性。

下表是四種容器型態的比較：

資料型態	tuple	list	dict	set
中文名稱	序對	串列	字典	集合
使用符號	()	[]	{}	{}
具順序性	有序	有序	無序	無序
可變 / 不可變	不可	可	可	可
舉例	(1, 2, 3)	[1,2,3]	{'word1':'apple'}	{1, 2, 3}

5-1 串列（list）

當我們使用單一變數來儲存資料時，若程式變數需求不多，這種作法看似不會有太大的問題，為了方便儲存多筆相關的資料，大部分的程式語言會以陣列（array）方式處理，不像其它程式語言都有的「陣列」，在Python中是以串列list來扮演儲存大量有序資料的角色。

串列（list）是屬於不同資料型態的集合，並以中括號[ ]來表示存放的元素。它可以提供資料儲存的記憶空間，資料有順序性，也能改變資料的內容，也就是說串列是一種可以用一個變數名稱來掌握的集合，串列中的每一元素都可以透過索引，即能取得某個元素的值。例如：

```
fruitlist =  ["Apple", "Orange", "Lemon", "Mango"]
```

　　上面list物件共有4個元素，長度是4，利用中括號[]搭配元素的索引（index）就能存取每一個元素，索引從0開始，由左至右分別是fruitlist[0]、fruitlist [1]…以此類推。

5-1-1 串列簡介

　　串列的組成元素可以包含不同的資料型別，甚至也可以包含其它的子串列，當串列內沒有任何元素時，則稱之為空串列。例如下列的串列都是合法的串列內容：

```
list1 = []    #沒有任何元素的空串列
score = [98, 85, 76, 64,100]  #只儲存數值的串列
info= ['2018', 176, 80, '台灣省新北市']   #含有不同型別的串列
mixed = ['manager', [58000, 74800], 'labor', [26000, 31000]]
```

　　例如以下變數employee也是一種串列的資料型態，共有6個元素，分別表示「部門編號、主管、姓名、薪水、專長、姓別」等六項資料。

```
employee = ['sale9001','陳正中', '許富強',54000,'財務"Male']
```

　　Python的串列中括號裡面也可以結合其它運算式，例如：for敘述、if等指令，這種方式提供另一種串列更快速彈性的建立方式。例如以下的串列元素是for敘述的i：

```
>>>data1=[i for i in range(5,18,2)]
>>> data1
```

```
[5, 7, 9, 11, 13, 15, 17]
>>>
```

再來看另外一個例子：

```
>>> data2=[i+5 for i in range(10,45)]
>>> data2
[15, 16, 17, 18, 19, 20, 21, 22, 23, 24, 25, 26, 27, 28, 29, 30, 31, 32, 33,
34, 35, 36, 37, 38, 39, 40, 41, 42, 43, 44, 45, 46, 47, 48, 49]
>>>
```

Python程式語言提供生成式（comprehension）的作法，是一種建立串列更快速彈性的作法，串列中括號裡面可以結合for敘述及其它if或for敘述的運算式，此運算式所產生的結果就是串列的元素。例如：

```
>>> list1 =[i for i in range(1,6)]
>>> list1
[1, 2, 3, 4, 5]
>>>
```

上述例子串列元素是for敘述的i。

又例如：

```
>>> list2=[i+10 for i in range(50,60)]
>>> list2
[60, 61, 62, 63, 64, 65, 66, 67, 68, 69]
```

還有一點要說明，串列的元素也像字串中的字元具有順序性，因此支援切片（slicing）運算，可以透過切片運算子[]擷取串列中指定索引的子串列。我們來看以下的例子：

```
>>> list = [7,5,4,3,8,1,9,6]
>>> list[4:8]
[8, 1, 9, 6]
>>> list[-2:]
[9, 6]
>>>
```

又例如：

```
word = ['H','O','L','I','D','A', 'Y']
print(word [:5])　#取出索引0～4的元素
print(word [1:5])　#取出索引1～4的元素
print(word [3:])　#取出索引3之後的元素
```

其執行結果如下：

```
['H', 'O', 'L', 'I', 'D']
['O', 'L', 'I', 'D']
['I', 'D', 'A', 'Y']
```

另外，串列本身提供一種list()函數，該函數可以將字串換成串列型別，也就是說它會將字串拆解成單一字元，再轉換成串列的元素。我們直接以一個例子來說明：

```
print(list('CHINESE'))
```

CHAPTER

5

其執行結果如下：

```
['C', 'H', 'I', 'N', 'E', 'S', 'E']
```

在Python中，串列中可以有串列，這種就稱為二維串列，要讀取二維串列的資料可以透過for迴圈。二維串列簡單來講就是串列中的元素是串列，下述簡例說分明：

```
num = [[25, 58, 66], [21, 97, 36]]
```

上述中的num是一個串列。num [0]或稱第一列索引，存放另一個串列；num[1]或稱第二列索引，也是存放另一個串列，以此類推。

	欄索引[0]	欄索引[1]	欄索引[2]
列索引[0]	25	58	66
列索引[1]	21	97	36

如果要存取二維串列特定的元素，其語法如下：

```
串列名稱[列索引][欄索引]
```

例如：

```
num[0]   #輸出第一列的三個元素
[25, 58, 66]
num[1][1] #輸出第二列的第二欄元素
97
```

在Python語言中三維串列宣告方式如下：

```
num=[[[58,87,77],[62,18,88],[57,39,46]],[[28,89,40],[26,55,34],[58,56,92]]]]
```

下例就是一種三維陣列的初值設定及各種不同陣列存取方式：

```
num=[[[58,87,77],[62,18,88],[57,39,46]],[[28,89,40],[26,55,34],[58,56,92]]]]
print(num[0])
print(num[0][0])
print(num[0][0][0])
```

其執行結果如下：

```
[[58, 87, 77], [62, 18, 88], [57, 39, 46]]
[58, 87, 77]
58
```

5-1-2 刪除串列元素

之前我們提過del敘述除了可以刪除變數，該指令也可以刪除串列中指定位置的元素外與指定範圍的子串列。例如：

```
>>> L=[51,82,77,48,35,66,28,46,99]
>>> del L[6]
>>> L
[51, 82, 77, 48, 35, 66, 46, 99]
>>>
```

又例如下面的敘述會刪除L串列索引位1到3(即4的前一個索引值)的元素：

```
>>> L=[51,82,77,48,35,66,28,46,99]
>>> del L[1:4]
>>> L
[51, 35, 66, 28, 46, 99]
>>>
```

如果要檢查某一個元素是否存在或不存在於串列中，則可以使用in與not in運算子，例如：

```
>>> "happy" in ["good","happy","please"]
True
>>> "sad" not in ["good","happy","please"]
True
>>>
```

5-1-3 串列的拷貝

　　所謂拷貝是指複製一個新的串列，這兩個串列內容互相獨立，當改變其中一個串列的內容時，不會影響到另一個串列的內容。舉例來說假設兩位姐弟有一些父母親遺傳的共同特點，但彼此也有自己的優點，我們就以串列拷貝的方式來示範表現這樣的概念，請參考底下的範例：（copy.py）

```
parents= ["勤儉", "老實", "客氣"]
child=parents[:]
daughter=parents[:]
```

```
print("parents特點",parents)
print("child特點",child)
print("daughter特點",daughter)
child.append("毅力")
daughter.append("時尚")
print("分別新增小孩的特點後:")
print("child特點",child)
print("daughter特點",daughter)
```

執行結果：

```
parents特點 ['勤儉', '老實', '客氣']
child特點 ['勤儉', '老實', '客氣']
daughter特點 ['勤儉', '老實', '客氣']
分別新增小孩的特點後：
child特點 ['勤儉', '老實', '客氣', '毅力']
daughter特點 ['勤儉', '老實', '客氣', '時尚']
```

各位可以試著將上述程式碼中：

```
child=parents[:]
daughter=parents[:]
```

修改成直接用變數名稱設定給另一個變數，這種情況就會造成這三個變數的串列內容會互相連動，只要更改其中一個變數的串列內容，另外兩個變數的串列內容也會同步更動，而這種結果就不是原先我們所預期的串列拷貝的想法。

```
child=parents
daughter=parents
```

完整程式碼及執行結果如下：（copy1.py）

```python
parents= ["勤儉", "老實", "客氣"]
child=parents
daughter=parents
print("parents特點",parents)
print("child特點",child)
print("daughter特點",daughter)
child.append("毅力")
daughter.append("時尚")
print("分別新增小孩的特點後:")
print("child特點",child)
print("daughter特點",daughter)
```

執行結果：

```
parents特點 ['勤儉', '老實', '客氣']
child特點 ['勤儉', '老實', '客氣']
daughter特點 ['勤儉', '老實', '客氣']
分別新增小孩的特點後:
child特點 ['勤儉', '老實', '客氣', '毅力', '時尚']
daughter特點 ['勤儉', '老實', '客氣', '毅力', '時尚']
```

5-1-4 常用的串列函數

由於串列中的元素可以任意的增加或刪減，因此串列的長度可以變動，它是一種可變的序列資料型態。下表整理與串列操作的常見相關函數：

■ 附加 append()

append()函數會在串列末端加入新的元素，例如：

```
word = ["red", "yellow", "green"]
word.append("blue")
print(word)
```

執行結果：

```
['red', 'yellow', 'green', 'blue']
```

■ 插入 insert ()

insert ()函數可以指定新的元素在任意指定的位置，格式如下：

```
list.insert(索引值, 新元素)
```

索引值是指list的索引位置，索引值為0表示放置於最前端，舉例來說，要將新元素插入在索引1的位置，可以這樣表示：

```
word = ["red", "yellow", "green"]
word.insert(2,"blue")
print(word)
```

執行結果：

```
['red', 'yellow', 'blue', 'green']
```

■ 移除元素remove ()

remove()函數可以在括號內直接指定要移除的元素，例如：

```
word = ["red", "yellow", "green"]
word.remove ("red")
print(word)
```

執行結果：

```
['yellow', 'green']
```

■ 移除元素pop ()

pop ()函數可以在括號內指定移除索引位置的元素，例如：

```
word = ["red", "yellow", "green"]
word.pop(2)
print(word)
```

執行結果：

```
['red', 'yellow']
```

如果pop()括號內沒有指定索引值，則預設移除最後一個。

```
word = ["red", "yellow", "green"]
word.pop()
word.pop()
print(word)
```

執行結果：

```
['red']
```

■ 排序sort ()

sort ()函數可以將list串列資料進行排序，例如：

```
word = ["red", "yellow", "green"]
word.sort()
print(word)
```

執行結果：

```
['green', 'red', 'yellow']
```

■ 反轉reverse ()

reverse ()函數可以將list串列資料內容反轉排列，例如：

```
word = ["red", "yellow", "green"]
word.reverse()
print(word)
```

執行結果：

```
['green', 'yellow', 'red']
```

■ len(L)

傳回串列物件L的長度，亦即該串列包含幾個元素，例如：

```
word = ["red", "yellow", "green"]
print( len(word) )  #長度=3
```

■ count ()

這個函數可以回傳串列中特定內容出現的次數。舉例來說，如果我們從歷年的英文考題裡將所考過的單字收集在一個串列中，此時就可以利用count函數去計算特定單字出現的次數，就可以判斷這些常考單字的出現頻率，例如：（count.py）

```
word = ["holiday", "happy", "birth",
        "yesterday", "holiday", "car",
        "yellow", "happy", "mobile",
        "cup", "happy", "holiday",
        "holiday", "desk", "birth",
        ]
print("holiday 出現的次數", word.count("holiday"))
```

執行結果：

```
holiday 出現的次數  4
```

■ index ()

這個函數可以回傳串列中特定元素第一次出現的索引值，例如：
（index.py）

```
word = ["holiday", "happy", "birth",
        "yesterday", "holiday", "car",
        "yellow", "happy", "mobile",
        "cup", "happy", "holiday",
        "holiday", "desk", "birth",
        ]
search_str="yellow"
print("單字 %s 第一次出現的索引值%d" %(search_str,word.
index(search_str)))
```

執行結果：

```
單字 yellow 第一次出現的索引值6
```

　　以下程式範例要示範由使用者輸入資料後，再依序以append()函數附加到list串列中，最後再將串列的內容印出。整個程式的步驟是首先建立空的list，接著再配合for迴圈及append()函數，就能為該list串列加入元素。

【範例程式：**append.py**】使用append()函數附加資料到list串列中

```
01 num=int(input('請輸入總人數: '))
02 student = [] #建立空的list串列
03 print('請輸入{0}個數值：'.format(num))
04
05 # 以for/in迴圈依序讀取要輸入的分數
06 for item in range(1,num+1):
07     score = int(input()) #取得輸入數值
08     student.append(score) #將輸入數值新增到串列
09
10 print('已輸入完畢')
```

```
11 #輸出資料
12 print('總共輸入的分數', end = '\n')
13 for item in student:
14     print('{:3d} '.format(item), end = '')
```

【執行結果】

```
請輸入總人數： 5
請輸入5個數值：
98
96
78
84
79
已輸入完畢
總共輸入的分數
  98   96   78   84   79
```

【程式碼解析】

● 第1行：輸入總人數，並將輸入的字串轉換為整數。

● 第2行：建立空串列，中括號[]無任何元素。

● 第5～8行：for迴圈依序將所輸入的數值轉換為整數，再通過append()
　函數新增到串列。

● 7～8行：如果有輸入資料，將資料以int()函式轉為數值。

● 第13～14行：將儲存於student的串列元素輸出。

　　以下程式範例是應用串列的sort()函數來進行資料排序的實作。

【範例程式：**listsort.py**】串列的sort()函數的應用實例

```
01 no = [105, 25, 8, 179, 60, 57]
02 print('排序前的資料順序：',no)
03 no.sort() #省略reverse參數, 遞增排序
```

```
04 print('遞增排序：', no)
05 zoo = ['tiger', 'elephant', 'lion', 'rabbit']
06 print('排序前的資料順序：')
07 print(zoo)
08 zoo.sort(reverse = True) #依字母做遞減排序
09 print('依單字字母遞減排序：')
10 print(zoo)
```

【執行結果】

```
排序前的資料順序： [105, 25, 8, 179, 60, 57]
遞增排序： [8, 25, 57, 60, 105, 179]
排序前的資料順序：
['tiger', 'elephant', 'lion', 'rabbit']
依單字字母遞減排序：
['tiger', 'rabbit', 'lion', 'elephant']
```

【程式碼解析】

● 第3行：sort()函數沒有參數時採預設值做遞增排序。
● 第8行：sort()函數加入參數「reverse = True」會以遞減方式做排序。

5-1-5 常用串列運算子

　　之前介紹字串時提到「+」運算子可以串接字串，「*」運算子可用來重複字串，比較運算子可以用來比較字串的大小。同樣的情形，這三種運算子也適用於串列。例如：

```
>>> [3,5,7]+[9,22,3,56]
[3, 5, 7, 9, 22, 3, 56]
>>> [3,5,7]*3
```

```
[3, 5, 7, 3, 5, 7, 3, 5, 7]
[3, 5, 7, 3, 5, 7, 3, 5, 7]
>>> [3,5,7]<[3,5,8]
True
>>> [3,5,7]==[3,5,7]
True
>>> [3,5,7]>[4,5,7]
False
```

另外，如果要檢查某一個元素是否存在或不存在於串列中，則可以使用in與not in運算子，例如：

```
>>> "Mon" in ["Mon","Tue","Fri"]
True
>>> "Sun" not in ["Mon","Tue","Fri"]
True
```

以下範例可以將串列中的奇偶數分離。

【範例程式：evenAndOdd.py】將串列中奇偶數分離

```
01 # -*- coding: utf-8 -*-
02 '''
03 將串列中奇偶數分離
04 '''
05
06 Number = [1,2,3,4,5,6,7,8,9,10]
07 even_num = Number[1::2]
08 odd_num = Number[0::2]
09
10 print("偶數：{}\n奇數：{}".format(even_num,odd_num))
```

【執行結果】

```
偶數：[2, 4, 6, 8, 10]
奇數：[1, 3, 5, 7, 9]
```

【程式碼解析】

● 第07行：利用切片運算取出偶數。

● 第08行：利用切片運算取出奇數。

　　各位可以用中括號搭配索引值來指定要修改哪一個元素的值，例如：

```
fruitlist = ["Apple", "Orange", "Lemon"]
fruitlist[1]="Kiwi"
print (fruitlist)
```

執行結果：['Apple', 'Kiwi', 'Lemon']

5-2 元組（tuple）

　　元組也是一種有序物件，類似list串列，差別在於tuple是不可變物件，一旦建立之後，元組中的元素不能任意更改其個數與內容值，所以我們也稱元組是不能更改的序列，這一點和串列內容可以變動是有所不同。簡單來說，當元組建立之後，絕對不能變動每個索引所指向的元素。

5-2-1 元組簡介

　　前面提到串列是以中括號[]來存放元素，但是元組（或稱為序對）卻是以小括號()來存放元素，元組可以存放不同資料型態的元素，因為元組內的元素有相對應的索引編號，因此可以使用for迴圈或while迴圈來讀取元組內的元素，語法如下：

元組名稱=(元素1,元素2,…)

　　Python語法也相當具有彈性，在建立元組資料型態時也可以不需要指定名稱，甚至允許將括號直接省略，以下為三種建立元組的方式：

```
('733254', 'Andy', 178) #建立時沒有名稱
tupledata = ('733249', 'Michael', 185)  #給予名稱的tuple物件
data = '733249', 'Michael', 185  #無小括號，也是tuple物件
```

　　元組中可以存放不同資料型態的元素，而且每個元素的索引編號左邊是由[0]開始，右邊則是由[-1]開始。因為元組內的元素有對應的索引編號，因此可以使用for迴圈或while迴圈來讀取元素。

　　例如以下敘述以for迴圈將元組中的元素輸出，其中len()函數可以求取元組的長度：

【範例程式：**tuple_create.py**】新建tuple

```
01 tup = (28, 39, 58, 67,97, 54)
02 print('目前元組內的所有元素：')
03 for item in range(len(tup)):
04     print ('tup[%2d] %3d' %(item, tup[item]))
```

【執行結果】

```
目前元組內的所有元素：
tup[ 0]    28
tup[ 1]    39
tup[ 2]    58
tup[ 3]    67
tup[ 4]    97
tup[ 5]    54
```

　　雖然儲存在元組的元素不可以用[]運算子來改變元素的值，不過元組內元素仍然可以利用「+」運算子將兩個元組資料內容串接成一個新的元組，而「*」運算子可以複製元組的元素成多個。接著將示範如何將兩個元組串接成一個新的元組：

```
>>> (1,5,8)+(9,4,2)
(1, 5, 8, 9, 4, 2)
>>> (3,5,6)*3
(3, 5, 6, 3, 5, 6, 3, 5, 6)
>>>
```

　　如果tuple物件裡只有一個元素，仍必須在元素之後加上逗號，例如：

```
fruitlist = ("Apple",)
```

　　此外，切片運算也可以應用於元組來取出若干元素。若是取得指定範圍的若干元素，使用正值就得正向取出元素（由左而右），但使用負值就採用負向（由右而左）取出元素。原則上那些在串列中不會變動到元素內容的運算子都適用元組，例如連接運算子「+」、重複運算子「*」、比較運算子、索引運算子、切片運算子、in與not in運算子等。有關元組運算子的使用方式，舉例如下：

```
>>> (1,5,8)+(9,4,2)
(1, 5, 8, 9, 4, 2)
>>> (3,5,6)*3
(3, 5, 6, 3, 5, 6, 3, 5, 6)
>>> tup =(90,43,65,72,67,55)
```

```
>>> tup[3]
72
>>> tup[-3]
72
>>> tup[1:4]
(43, 65, 72)
>>> tup[-6:-2]
(90, 43, 65, 72)
>>> tup[-1:-3] #無法正確取得元素
()
>>>
```

5-2-2 常用元組函數

　　簡單來說，當元組建立之後，絕對不能變動每個索引所指向的元素。一般而言，串列大部分的函數在元組中可以使用，但是那些會改變元素個數或元素值的函數，都不可以使用，例如append()、insert()等函數。但是像count()用來統計特定元素出現的次數，或是index()用來取得某項目第一次出現的索引值等函數，就可以應用在元組資料型態。以下介紹常用元組函數：

● sum()：函數sum()來計算總分。

```
bonus= (900,580,850,480,800,1000,540,650,200,100) #建立tuple來存放紅利積點
print('所有紅利積點', sum(bonus), ', 平均紅利點數 = ', sum(bonus)/10)
```

執行結果：

```
所有紅利積點 6100 , 平均紅利點數 =  610.0
```

● max(T)：傳回串列物件T中最大的元素，例如：

```
>>> max((89,32,58,76))
89
```

● min(T)：傳回串列物件T中最小的元素，例如：

```
>>> min((89,32,58,76))
32
```

以下程式範例將實作如何利用sorted()函數來對元組內的元素進行排序。

【範例程式：**tuple_sorted.py**】利用sorted()函數來對元組內的元素進行排序

```
01 salary = (86000, 72000, 83000, 47000, 55000)
02 print('原有資料：')
03 print(salary)
04 print('-------------------------------')
05
06 # 由小而大
07 print('薪資由小而大排序：',sorted(salary))
08 print('-------------------------------')
09
10 # 遞減排序
11 print('薪資由大而小排序：', sorted(salary, reverse = True))
12 print('-------------------------------')
13
14 print('資料經排序後仍保留原資料位置：')
15 print(salary)
16 print('-------------------------------')
```

【執行結果】

```
原有資料：
(86000, 72000, 83000, 47000, 55000)
--------------------------------
薪資由小而大排序： [47000, 55000, 72000, 83000, 86000]
--------------------------------
薪資由大而小排序： [86000, 83000, 72000, 55000, 47000]
--------------------------------
資料經排序後仍保留原資料位置：
(86000, 72000, 83000, 47000, 55000)
--------------------------------
```

【程式碼解析】

● 第7行：使用sorted()函數做遞增排序（由小而大），排序後的tuple物件會以list物件回傳。

● 第11行：sorted()函數，參數「reverse = True」會以遞減排序（由大而小）。

● 第3、15行：tuple物件，排序前與排序後的位置並未改變。

5-2-3 拆解與交換

　　Python針對元組有個很特別的用法Unpacking（拆解）。舉例來說，下列第1行敘述將"happy", "cheerful", "flexible", "optimistic"這些值定義為元組，第2行則使用變數取出元組中元素值，稱為Unpacking（拆解）。Unpacking不只限於tuple，還包括list跟set等序列型物件，但重點是將序列拆解的等號左邊的變數個數必須與等號右邊的序列元素數量相同，例如：

```
wordlist = ("happy", "cheerful", "flexible", "optimistic")
w1, w2, w3, w4=wordlist  # Unpacking
print(w3)      #輸出 flexible
print(type(w3))  # <class 'str'>
```

CHAPTER

5

　　另外在其他程式語言，如果想要交換（swap）兩個變數的值，通常需要第三個變數來輔助，例如x=100、y=58，如果要讓x與y的值對調，以C語言為例，其程式會如下表示：

```
temp = x;
x = y;
y = temp;
```

　　但是Python語言的Unpacking之特性，可以簡化變數交換的工作，只要一行指令就可以達到上述資料交換的工作：

```
y,x = x,y
```

【範例程式：**swap.py**】元組交換

```
01 x = 859
02 y = 935
03 print("兩數經交換前的值: ")
04 print('x={},y={}'.format(x,y))
05 y,x = x,y
06 print("兩數經交換後的值: ")
07 print('x={},y={}'.format(x,y))
```

【執行結果】

```
兩數經交換前的值:
x=859,y=935
兩數經交換後的值:
x=935,y=859
```

【程式碼解析】

● 第5行：利用Unpacking的特性，變數值交換只要一行程式就可以達到。

　　以下範例是將for迴圈結合Unpacking的概念，來輔助個人資料的分析或進一步的處理工作。

【範例：**unpack.py**】元組交換

```
01  info = [['C程式設計','朱大峰','480'],
02          ['Python程式設計','吳志明','500'],
03          ['Java程式設計','許伯如','540']]
04
05  for(book, author,price) in info:
06      print('%10s %3s'%(book,author),' 書籍訂價:',price)
```

【執行結果】

```
       C程式設計  朱大峰   書籍訂價:  480
 Python程式設計  吳志明   書籍訂價:  500
   Java程式設計  許伯如   書籍訂價:  540
```

【程式碼解析】

● 第1～3行：建立二維串列，即串列中有串列，用來存放書籍資訊。

● 第5～6行：利用Unpacking的功能及for迴圈讀取書籍資訊，並輸出其值。

5-3 字典（dict）

　　字典（dict）是英文dictionary的縮寫，字典的元素是放置於大括號{}內，是一種「鍵」（key）與「值」（value）對應的資料型態，跟前面談過的串列（list）、元組（tuple）序列型別有一個很大的不同點，就是字典中的「鍵」（key）是不具順序性。由於「鍵」沒有順序性，所以適用於序列型別的「切片」運算，在字典中就無法使用。

5-3-1 字典的操作

　　dict字典中的key必須是不可變的（immutable）的資料型態，例如數字、字串，而value就沒有限制，可以是數字、字串、list串列、tuple元組等等，資料之間必須以逗號「,」隔開，字典（dict）的資料放置於大括號{}內，每一筆資料是一對key:value，格式如下：

字典名稱={key1:value1, key2:value2, key3:value3 …}

　　例如：

dic = {'length':4, 'width':8, 'height':12}

　　在上述字典宣告中，'length'、'width'、 'height'是字典中字串資料型態的「鍵」，而「值」是一種數值。
　　又例如：

```
dic={'name':'Python程式設計', 'author': '許志峰', 'publisher':'先進出版社'}
print(dic['name'])
print(dic['author'])
print(dic['publisher'])
```

上面敘述共有三筆資料，我們只要利用每一筆資料的key就可以讀出代表的值，其執行結果如下：

```
Python程式設計
許志峰
先進出版社
```

要修改字典的元素值必須針對「鍵」設定新值，才能取代原先的舊值，例如：

```
dic={'name':'Python程式設計', 'author': '許志峰', 'publisher':'先進出版社'}
dic['name']= '網路行銷' #將字典中的「'name'」鍵的值修改為'網路行銷'
print(dic)
```

會輸出如下結果：

```
{'name': '網路行銷', 'author': '許志峰', 'publisher': '先進出版社'}
```

如果要新增字典的鍵值對，只要加入新的鍵值即可。語法如下：

```
dic={'name': '網路行銷', 'author': '許志峰', 'publisher':'先進出版社'}
dic['price']= 580 #在字典中新增「'price'」，該鍵所設定的值為580
print(dic)
```

會輸出如下結果：

```
{'name': '網路行銷', 'author': '許志峰', 'publisher': '先進出版社', 'price': 580}
```

另外，字典中的「鍵」必須是唯一，而「值」可以是相同值，字典中如果有相同的「鍵」卻被設定成不同的「值」，則只有最後面的「鍵」所對應的「值」有效，前面的「鍵」將被覆蓋。例如以下的範例中，字典中的'nationality'鍵被設定爲兩個不同的值，前面那一個設定爲'美國'，後面那一個設定爲'日本'，所以前面會被後面那一個設定值'日本'所覆蓋，請參考以下的程式碼說明：

```
dic={'name':'Peter Anderson', 'age':18, 'nationality':'美國','nationality':'日
本'} #設定字典
print(dic['nationality']) #會印出日本
```

如果要刪除字典中的特定元素，語法如下：

```
del 字典名稱[鍵]
```

例如：

```
del dic['age']
```

當字典不再使用時，如果想刪除整個字典，則可以使用del指令，其語法如下：

```
del 字典名稱
```

例如：

```
del dic
```

例如爲各種刪除字典的方式：

```
english ={'春':'Spring', '夏':'Summer', '秋':'Fall', '冬':'Winter'} #字典內容
del english['秋']  #刪除字典指定鍵值的元素
print(english)
del english #刪除整個字典
```

執行結果：

```
{'春': 'Spring', '夏': 'Summer', '冬': 'Winter'}
```

5-3-2 適用字典的運算子

　　由於字典是一種無序的資料型別，所以不支援串接運算子「+」或重複運算子「*」等，在比較運算子中可以使用「==」和「!=」運算子將字典逐項目做比對，其他的比較運算子則不能使用於字典。序列型別使用[]運算子指明索引之後，可以取得元素值。而字典的項目也能使用[]、in及not in運算子，例如：

```
del d[key] #刪除字典項目，依key執行
key in d   #判斷鍵「key」是否在字典中
key not in d   #判斷鍵「key」是否不在字典中
```

5-3-3 常用的字典函數

　　字典是可變的資料型態，例如前面介紹的內建函數中的len()函數適用於字典，它會傳回字典中包含幾組「key:value」，例如：

```
dic={'name':'Andy', 'age':18, 'city':'台北','city':'高雄'} #設定字典
print(len(dic)) #會印出3表示字典dic包含3個key:value
```

下表則整理與字典操作的常見相關函數：

■ 清除－clear()

clear()方法會清空整個字典，這個方法和前面提到的del指令的不同點是它會清空字典中所有的元素，但是字典仍然存在，只不過變成空的字典。但是del指令則會將整個字刪除，只要一經刪除的字典，該字典就不存在了。以下例子將示範如何使用clear()方法：

```
dic={'name': '網路行銷', 'author': '許志峰', 'publisher':'先進出版社'}
dic.clear()
print(dic)
```

執行結果：

```
{}
```

■ 複製dict物件－copy()

使用copy()方法可以複製整個字典，以期達到資料備份的功效，所複製後的新字典會和原先的字典在記憶體中占有不同的位址，兩者內容不會互相影響，例如：

```
dic1={"title":"行動行銷", "year":2018, "author":"陳來貴"}
dic2=dic1.copy()
```

```
print(dic2)#新複製的字典和dic1內容一致
dic2["title"]="網路概論"#修改新字典dic2的內容
print(dic2)#新字典內容已和原字典dic1內容不一致
print(dic1)#原字典內容不會受到新字典dic2內容更改內容
```

執行結果：

```
{'title': '行動行銷', 'year': 2018, 'author': '陳來貴'}
{'title': '網路概論', 'year': 2018, 'author': '陳來貴'}
{'title': '行動行銷', 'year': 2018, 'author': '陳來貴'}
```

■ 搜尋元素值－get()

　　get()方法會以鍵（key）搜尋對應的值（value），但是如果該鍵不存在則會回傳預設值，但如果沒有預設值就傳回None，格式如下：

```
v1=dict.get(key[, default=None] )
```

　　例如：

```
dic1={"title":"行動行銷", "year":2018, "author":"陳來貴"}
owner=dic1.get("author")
print(owner) #輸出陳來貴
```

　　如果指定的key不存在，會傳回default 值也就是None，各位也可以改變default值，那麼當key不存在時，就會顯示出來，例如：

```
dic1={"title":"行動行銷", "year":2018, "author":"陳來貴"}
owner=dic1.get("color")
print(owner) #印出None
owner=dic1.get("color","白色封面")
print(owner) #印出白色封面
```

■ 移除元素－pop()

pop()方法可以移除指定的元素，例如：

```
dic1={"title":"行動行銷", "year":2018, "author":"陳來貴"}
dic1.pop("title")
print(dic1) #印出 {'year': 2018, 'author': '陳來貴'}
```

執行結果：

```
{'year': 2018, 'author': '陳來貴'}
```

■ 更新或合併元素－update()

update()方法可以將兩個dict字典合併，格式如下：

```
dict1.update(dict2)
```

dict1會與dict2字典合併，如果有重複的值，括號內的dict2字典元素
會取代dict1的元素，例如：

```
dic1={"title":"行動行銷", "year":2018, "author":"陳來貴"}
dic2={"color":"白色封面", "year":'西元2020年'}
dic1.update(dic2)
print(dic1)
```

執行結果：

```
{'title': '行動行銷', 'year': '西元2020年', 'author': '陳來貴', 'color': '白色封面'}
```

■ items()、keys()與values()

　　items()方法是用來取dict物件的key與value，keys()與values()這兩個方法是分別取dict物件的key或value，回傳的型態是dict_items 物件，例如：

```
dic1={"title":"行動行銷", "year":2018, "author":"陳來貴"}
print(dic1. items())
print(dic1. keys())
print(dic1.values())
```

執行結果：

```
dict_items{[('title', '行動行銷'), ('year', 2018), ('author', '陳來貴')]}
dict_keys(['title', 'year', 'author'])
dict_values(['行動行銷', 2018, '陳來貴'])
```

　　以下程式範例將實作各種字典方法的綜合運用。

【範例程式：**dict.py**】字典方法的綜合運用

```
01 labor = {'高中仁':'RD', '許富強':'SA'} #設定字典的資料
02 labor['陳月風'] = 'CEO' #新增一個項目
03 labor.setdefault('陳月風')
04 print('目前字典:')
05 print(labor)
06 labor['陳月風'] ='PRESIDENT'
07 #以update()方法更新字典
08 labor.update({'周慧宏':'RD', '鄭大富':'SA'})
09 print('依名字遞增排序:')
10 for key in sorted(labor):
11     print('%8s %9s' % (key, labor[key]))
12
13 person = {'陳志強':'SA','蔡工元':'RD'}
14 labor.update(person) # 更新字典
15 labor.update(胡慧蘭 = 'RD', 周大全 = 'SA')#以指派方式更新
16 print('更新字典內容：\n', labor)
17 labor.pop('陳志強')#刪除指定資料
18 print('刪除後依名字排序:')
19 for value in sorted(labor, reverse = False):
20     print('%8s %9s' % (value, labor[value]))
21 print('將字典內容清空:')
22 print(labor.clear())
23 print(labor)#輸出字典
```

【執行結果】

```
目前字典:
{'高中仁': 'RD', '許富強': 'SA', '陳月風': 'CEO'}
```

CHAPTER

5

```
依名字遞增排序：
        周慧宏              RD
        許富強              SA
        鄭大富              SA
        陳月風     PRESIDENT
        高中仁              RD
更新字典內容：
{'高中仁': 'RD', '許富強': 'SA', '陳月風': 'PRESIDENT', '周慧宏': 'RD', '鄭
大富': 'SA', '陳志強': 'SA', '蔡工元': 'RD', '胡慧蘭': 'RD', '周大全': 'SA'}
刪除後依名字排序：
        周大全              SA
        周慧宏              RD
        胡慧蘭              RD
        蔡工元              RD
        許富強              SA
        鄭大富              SA
        陳月風     PRESIDENT
        高中仁              RD
將字典內容清空：
None
{}
```

【程式碼解析】

- 第3行：以setdefault()方法新增一個key；由於未指定value，所以會以None來取代。
- 第8行：以update()方法配合大括號{}直接加入字典物件。
- 第14～15行：兩種不同更新字典的方式。
- 第17行：用pop()方法刪除指定鍵值的資料。
- 第19～20行：使用sorted()方法將字典物件依鍵值排序。
- 第22行：以clear()方法來清空字典內容。

底下再透過範例練習字典的新增、移除與讀取元素。

【範例程式：**dict_example.py**】字典新增、移除與存取

```
01 # -*- coding: utf-8 -*-
02
03 dictStr = {'bird':'鳥', 'cat':'貓', 'dog':'狗', 'pig':'豬'}
04 #新增wolf
05 dictStr['wolf']="狼"
06
07 #刪除pig
08 dictStr.pop("pig")
09
10 #列出dictStr所有的value
11 print("dictStr目前的元素：")
12 for v in dictStr.values():
13     print(v)
14
15 #搜尋
16 print("搜尋dog==>"+dictStr.get("dog","不在dictStr"))
```

【執行結果】

```
dictStr目前的元素：
鳥
貓
狗
狼
搜尋dog==>狗
```

【程式碼解析】

● 第05行：新增字典元素。
● 第08行：pop()方法可以移除指定的元素。

- 第12～13行：列出dictStr字典所有的value。
- 第16行：利用get()方法會以"dog" key搜尋對應的value。

5-4 集合

集合（set）與字典（dict）一樣都是把元素放在大括號{}內，不過set只有鍵（key）沒有值（value），類似數學裡的集合，可以進行聯集（|）、交集（&）、差集（-）與互斥或（^）等運算。另外，集合裡的元素沒有順序之分而且相同元素不可重複出現，所以它不會記錄元素的位置，當然也不支援索引或切片運算。集合內的元素是不可變的，常見可以作為集合元素有整數、浮點數、字串、元組，而串列、字典、集合這類具有可變性質的資料型態則不能成為集合的元素。雖然說集合內的元素必須是不可變的，但是集合本身的內容可增加或刪除元素，因此集合本身是可變的。

5-4-1 集合簡介

set集合可以使用大括號{}或set()方法建立，使用大括號{}建立的方式如下：

```
集合名稱={元素1,元素2,..}
```

例如：

```
animal = {"tiger", "sheep", "elephant"}
print(animal)
print(type(animal))
```

執行結果如下：

```
{'sheep', 'tiger', 'elephant'}
<class 'set'>
```

請注意！建立set資料型態時，大括號內要有元素，否則Python會把它視為字典而不是集合。也就是說，如果x={}，表示x是一種字典型態而不是集合的型態，例如：

```
animal = {}
print(animal)
print(type(animal))
```

執行結果：

```
{}
<class 'dict'>
```

另外，設定集合的元素必須是唯一的，如果在集合設定重複的元素時，這些相同的元素只會保留一個，各位可從下面例子的執行結果中看出：

```
animal = {"tiger", "sheep", "elephant"
    "lion", "sheep", "bird"
    "cat", "snake", "tiger"}
print(animal)
```

執行結果：

```
{'sheep', 'birdcat', 'tiger', 'elephantlion', 'snake'}
```

除了用上述大括號建立集合外，也可以使用set()函數定義集合，set()函數所傳入的參數內容可以是串列、字串、元組。例如使用set()函數建立空集合，範例如下：

```
set1=set()
print(set1)
```

還有一項重點，如果我們收集資料的方式是用串列來保存，但不確定其中是否有重複的元素，舉例來說，如果收錄了一堆考古題的單字，並以串列來保存這些收集的單字，為了避免所收集的單字重複出現，此時就可以利用set元素的唯一性來去除重複收集的單字。

以下程式範例能將收集到的串列資料中的重覆元素刪除，並以另外的串列來保存這些不重複的單字。

【範例程式：**word.py**】去除重複收集的單字

```
01 original= ["abase", "abate", "abdicate","abhor", "abate",
   "acrid","appoint", "abate", "kindle"]
02 print("單字收集的原始內容: ")
03 print(original)
04 set1=set(original)
05 not_duplicatd=list(set1)
06 print("刪除重複單字的最佳內容: ")
07 print(not_duplicatd)
08 print("按照字母的排列順序: ")
09 not_duplicatd.sort()
10 print(not_duplicatd)
```

【執行結果】

單字收集的原始內容：

['abase', 'abate', 'abdicate', 'abhor', 'abate', 'acrid', 'appoint', 'abate', 'kindle']
刪除重複單字的最佳內容：

['abdicate', 'abhor', 'abase', 'abate', 'acrid', 'appoint', 'kindle']
按照字母的排列順序：

['abase', 'abate', 'abdicate', 'abhor', 'acrid', 'appoint', 'kindle']

【程式碼解析】

- 第3行：印出原始串列內容。
- 第4行：將串列轉換成集合，此指令會將集合內重複的元素刪除。
- 第5行：將沒有重複元素的集合轉換成串列。
- 第7行：印出刪除重複單字的串列內容。
- 第9～10行：印出按照字母的排列順序的串列內容。

5-4-2 集合的運算

　　兩個集合可以做聯集（|）、交集（&）、差集（-）與互斥或（^）等運算，如下表所示：

集合運算	範例	說明
聯集（|）	A|B	存在集合A或存在集合B
交集（&）	A&B	存在集合A也存在集合B
差集（-）	A-B	存在集合A但不存在集合B
互斥或（^）	A^B	排除相同元素

　　底下範例說明集合的運算操作方式：（set.py）

CHAPTER

5

```
friendA= {"Andy", "Axel", "Michael","May"}
friendB = {"Peter", "Axel", "Andy","Julia"}
print(friendA & friendB)
print(friendA | friendB)
print(friendA - friendB)
print(friendA ^ friendB)
```

執行結果：

```
{'Axel', 'Andy'}
{'May', 'Julia', 'Axel', 'Michael', 'Peter', 'Andy'}
{'Michael', 'May'}
{'Julia', 'May', 'Michael', 'Peter'}
```

　　事實上，集合內的元素除了可以相同資料型態組成，也可以不同資料型態組成，但要把握一項原則就是集合的元素是不可變的，因此像元組（tuple）可以作為集合的元素，但是串列（list）就不可以當作集合的元素，因為串列是一種可變的元素。

　　請各位分別比較底下兩個例子，就可以清楚看出如果在集合中加入串列（list）將會發生錯誤：

```
set1={5,6,7,3,9}
print(set1)
set2={8,5,"happy","1235",(3,2,5),('a','b')}
print(set2)
```

```
{3, 5, 6, 7, 9}
{'happy', (3, 2, 5), 5, 8, '1235', ('a', 'b')}
```

```
set3={8,5,"happy","1235",[3,2,5],('a','b')}
print(set3)
```

```
set3={8,5,"happy","1235",[3,2,5],('a','b')}
TypeError: unhashable type: 'list'
```

如上圖所示，如果在集合中加入串列就會出現TypeError的錯誤。

5-4-3 常用的集合函數

我們以下將介紹集合函數的使用方式：

■ 新增與刪除元素－add() / remove()

add方法一次只能新增一個元素，如果要新增多個元素，可以使用update()方法，底下是add與remove方法的使用方式：

```
friend= {"Andy", "Axel", "Michael","May"}
friend.add("Patrick")
print(friend)
```

執行結果：

```
{'Patrick', 'Andy', 'Michael', 'May', 'Axel'}
```

```
friend= {"Andy", "Axel", "Michael","May"}
friend.remove("Andy")
print(friend)
```

執行結果：

```
{'May', 'Axel', 'Michael'}
```

■ 更新或合併元素－update()

update()方法可以將兩個set集合合併，格式如下：

```
set1.update(set2)
```

set1會與set2合併，由於set集合不允許重複的元素，如果有重複的元素會被忽略，例如：

```
friend = {"Andy", "May", "Axel"}
friend.update({"Andy", "May","John","Michael"})
print(friend)
```

執行結果：

```
{'Andy', 'Michael', 'May', 'Axel', 'John'}
```

建立集合後，可以使用in敘述來測試元素是否在集合中，例如：

```
friend = {"Andy", "May", "Axel"}
print("Mike" in friend)  #輸出False
```

"Mike"並不在friend集合內，所以就會傳回False。

以下程式範例能將全班同學中，同時通過中高級檢定及中級檢定的同學名單列出，也會列出沒有通過這兩種英檢的同學名單。

【範例程式：english.py】去除重複收集的單字

```
01 #小班制的同學清單
02 classmate={'陳大慶','許大爲','朱時中','莊秀文','吳彩鳳',
```

CHAPTER

5

```
03          '黃小惠','曾明宗','馬友友','韓正文','胡天明'}
04 test1={'陳大慶','許大爲','朱時中','馬友友','胡天明'} #中高級名單
05 test2={'許大爲','朱時中','吳彩鳳','黃小惠','馬友友','韓正文'} #中級名單
06 goodguy=test1 | test2
07 print("全班有 %d 人通過兩種檢定其中一種" %len(goodguy),
      goodguy)
08 bestguy=test1 & test2
09 print("全班有 %d 人兩種檢定全部通過" %len(bestguy), bestguy)
10 poorguy=classmate -goodguy
11 print("全班有 %d 人沒有通過任何檢定" %len(poorguy), poorguy)
```

【執行結果】

```
全班有8人通過兩種檢定其中一種{'陳大慶','韓正文','吳彩鳳','黃小惠','許大爲','馬友友','胡天明','東時中'}
全班有3人兩種檢定全部通過{'馬友友','許大爲','朱時中'}
全班有2人沒有通過任何檢定{'莊秀文','曾明宗'}
```

【程式碼解析】

- 第2～3行：全班名單，以串列方式保存。
- 第4行：通過中高級檢定名單，以串列方式保存。
- 第5行：通過中級檢定名單，以串列方式保存。
- 第6～7行：印出通過兩種檢定其中一種的人數與名單。
- 第8～9行：印出兩種檢定全部通過的人數與名單。
- 第10～11行：印出沒有通過任何一種檢定的人數與名單。

5-5 上機綜合練習

1. 以下程式範例是介紹與實作串列中reverse()函數，其中包含兩個串列，一個串列中的項目全部都是數字，另一個串列中的項目全部都是字串。

```
反轉前內容： [185, 278, 97, 48, 33, 61]
反轉後內容： [61, 33, 48, 97, 278, 185]
反轉前內容： ['tiger', 'lion', 'horse', 'cattle']
反轉後內容： ['cattle', 'horse', 'lion', 'tiger']
```

解答：reverse.py

2. 請利用二維串列的方式來撰寫一個求二階行列式的範例。二階行列式的計算公式為：a1*b2-a2*b1。

```
|a1 b1|
|a2 b2|

請輸入a1:5

請輸入b1:9

請輸入a2:3

請輸入b2:4
|5 9|
|3 4|
行列式值=-7
```

解答：twoArray.py

3. 請設計一支Python程式，利用三層巢狀迴圈來找出此2x3x3三維陣列中所儲存數值中的最小值。

最小值= 9

解答：threeArray.py

4. 以下範例是將for迴圈結合Unpacking的概念，來輔助購買物品單價加總或平均的計算工作。

書籍　　三次購買價格總和：1095
音樂CD　三次購買價格總和：1430
POLO上衣 三次購買價格總和：1550

解答：tuple_price.py

本章課後習題

一、填充題

1. 容器物件只有_____是不可變物件，其他三種都是可變物件。
2. 當不再使用串列這個變數時，也可以透過_____敘述刪除串列變數。
3. _____運算子可以將兩個序對資料內容串接成一個新的序對，而_____運算子可以複製序對的元素成多個。
4. dict字典資料型態中的_____必須是不可變的（immutable）的資料型態，例如數字、字串，而_____就沒有限制。
5. 適用字典的處理方法_____方法會以key搜尋對應的value。

二、問答與實作

1. 請寫出下列程式執行後輸出結果。

```python
A0 = {'a': 1, 'b': 3, 'c': 2, 'd': 5, 'e': 4}
A1 = {i:A0.get(i)*A0.get(i) for i in A0.keys()}
print(A1)
```

2. 請簡單比較tuple、list、dict、set四種容器型態的比較。

3. 下列的串列生成式其執行結果為何？

```python
list1 =[i for i in range(4,11)]
print(list1)
```

4. 請寫出下段程式碼的輸出結果。

```python
dic={'name':'Andy', 'age':18, 'city':'台北','city':'高雄'}
dic['name']= 'Tom'
dic['hobby']= '籃球'
print(dic)
```

5. 請寫出以下程式的執行結果。

```python
word = ["1", "3", "5","7"]
word.pop()
word.pop()
print(word)
```

6. 請寫出以下程式的執行結果。

```python
>>> (1,2,6)*3
```

7. 請寫出以下程式的執行結果。

```
dic={'name':'Python程式設計', 'author': '許志峰'}
dic['name']= 'Python程式設計第二版'
print(dic)
```

8. 請寫出以下程式的執行結果。

```
friendA= {"Andy", "Axel", "Michael","Julia"}
friendB = {"Peter", "Axel", "Andy","Tom"}
print(friendA & friendB)
```

9. 請問 [i+5 for i in range(10,15)] 的串列結果？

10. list = [1,3,5,7,9,7,5,3,1]，請分別寫出以下敘述的切片運算結果。

①list[4:8]

②list[-2:]

11. 請寫出以下程式的執行結果。

```
num=[[[1,8,77],[6,1,4],[5,3,4]],[[2,8,0],[2,5,3],[7,1,3]]]
print(num[0][0])
print(num[0][0][0])
```

12. 請寫出以下程式的執行結果。

```
L=[51,82,77,48,35]
del L[2]
del L[3]
print(L)
```

第六章

函數入門與應用

　　在中大型程式的開發中，為了程式碼的可讀性及利於程式專案的規劃，通常會將程式切割成一個個功能明確的函數，而這就是一種模組化概念的充分表現。函數，簡單來說就是將特定功能或經常重複使用的程式獨立出來，函數是由許多的指令所組成，可將程式中重複執行的區塊定義成函數型態，好讓程式呼叫該函數來執行重複的指令，除了可以讓程式更加簡潔有力外，也能夠減少程式碼的編輯時間。

函數本身就代表一種分工合作的概念

　　截至目前為止，相信各位已經能夠寫出一個架構完整的Python程式了，但是緊接著您會開始發現當功能越多，程式碼就會越寫越長，這時對程式可讀性的要求就會越高。函數可視為一種獨立的模組。當需要某項功能程式時，只需呼叫撰寫完成的函數來執行即可。本章將會開始跟各位討論Python函數的各種應用。

6-1 函數簡介

　　使用函數不僅可以省去重複撰寫相同程式碼，並大幅縮短開發的時間，更有助於日後程式的除錯和維護。Python依照程式的設計需求大概區分成三種類型函數：內建函數、標準函數庫及自訂函數，所謂內建函數是指Python本身所提供的函數，像len()函數、int()函數，或是在for迴圈所提到的range()函數等。所謂標準函數庫（standard library）或第三方開發的模組庫函數，就提供了許多相當實用的函數，但是要使用這類函數之前，必須事先將該函數模組套件匯入，這裡所謂的模組就是指特定功能函數的組合，例如程式中會使用到亂數時，就必須先行匯入Random套件，再去使用Random套件所提供的函數。

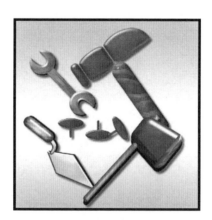

不同功能的函數就像是不同用途的工具

　　至於程式設計人員利用def關鍵字自行定義的自訂函數，則是依照個人的需求自行設計的函數，這也是本章即將說明的重點所在，包括函數宣告、引數的使用、函數的主體與傳回值。以下來看看定義函數與如何呼叫函數。

6-1-1 自訂函數

　　自訂函數（user-defined）是由使用者來自行訂定的函數，必需要先完成定義函數，然後才能呼叫函數。定義函數則是函數架構中最重要的部分，它定義一個函數的內部流程運作，包括接收什麼參數，進行什麼處理，在處理完成後又回傳什麼資料等等。Python定義函數是使用關鍵字「def」，接著空一格接函數名稱串接一對小括號，小括號可以填入傳入函數的參數，小括號之後再加上「:」，格式如下所示：

```
def 函數名稱(參數1, 參數2, ...):
    程式指令區塊
    return 回傳值  #有回傳值時才需要
```

　　函數名稱命名必須遵守Python識別字名稱的規範。另外，在自訂函數中的參數可有可無，也可以包含多個參數。冒號「:」之後則是函數主體，函數的程式碼內容可以是單行或多行指令，並將代表函數功能程式碼內容統一進行縮排（一次縮排半形空格4格）。至於return指令可以回傳值給呼叫函數的主程式，回傳值也可以有多個，如果函數沒有傳回任何數值，則可以省略return指令。

　　定義完函數後，並不會主動執行，只有當呼叫函數時才能開始執行，至於如何呼叫自訂函數呢？只要使用括號「()」運算子就可以了，語法格式如下所示：

```
函數名稱(引數1, 引數2, ...)
```

　　我們下面將定義一個名為blessings()的簡單函數，該函數會輸出一句預設的吉祥話。程式碼如下：（blessings.py）

```
def blessings():
    print('一元復始，萬象更新')
blessings()
```

執行結果：

一元復始，萬象更新

　　接著請將上述函數的括號內增加一個參數，這種作法就可以動態指定函數要列印何種字串，以下在函數中增加一個參數的方式：（blessings_para.py）

```
def blessings(str1):
    print(str1)

blessings('一元復始，萬象更新')
blessings('恭賀新喜，財源滾滾')
```

執行結果：

一元復始，萬象更新
恭賀新喜，財源滾滾

　　接下來要介紹的自訂函數則是具有回傳值的功能，例如以下函數會回傳所傳入參數相乘後的值，請參考以下的範例程式碼：（func.py）

CHAPTER

6

```
def func(a,b):
    x = a * b
    return x

print(func(4,3))
```

執行結果：

$$\boxed{12}$$

　　各位可以修正上述程式碼，直接將輸出的指令寫在函數內，並取消原先的回傳指令，這種情況下，該函數則會返回None，請參考以下的範例程式碼：（func_noreturn.py）

```
def func(a,b):
    x = a * b
    print(x)

print(func(4,3))
```

執行結果：

```
12
None
```

　　各位在自訂函數時，也可以採用預設引數的方式進行定義，當在呼叫函數時，如果實際引數未傳遞時，則會以「預設參數 = 值」做接收。請參考以下的範例程式碼：（func_default.py）

```
def func(a,b,c=10):
    x = a - b + c
    return x

print(func(3,1,3)) # a=3 b=1 c=3
print(func(5,2))  # a=5 b=2 c=10
```

執行結果：

```
5
13
```

　　上面func函數裡的參數c預設值為10，因此呼叫函數時就可以只帶入2個引數。

　　另外一項特點就是Python的函數也可以一次回傳多個值，只要將所有回傳的多個值之間以逗號「,」分隔回傳值。請參考以下的範例程式碼：（return01.py）

```
def func(a,b):
    p1 = a * b
    p2 = a - b
    return p1, p2

num1 ,num2 = func(5, 4)
print(num1)
print(num2)
```

執行結果：

```
20
1
```

　　我們再來看一個小例子，可以要求函數一次回傳3個值，請參考以下的範例程式碼：（return02.py）

```
def func(length,width,height):
    p1 = length*width*height
    p2 = length+width+height
    p3 = (length*width+height*length+width*height)*2
    return p1, p2, p3

num1 ,num2, num3 = func(5, 4, 3)
print(num1)
print(num2)
print(num3)
```

執行結果：

```
60
12
94
```

　　如果各位事先不知道呼叫函數時要傳入多少個引數，這種情況下可以在定義函數時在參數前面加上一個星號「*」，表示該參數可以接受不定個數的引數，而所傳入的引數會視為一組元組（tuple）；但是在定義函數時在參數前面加上2個星號「**」，傳入的引數會視為一組字典（dict）。下列程式將示範在呼叫函數的過程中傳入不定個數的引數：

【範例：**para.py**】呼叫函數—傳入不定個數的引數

```
01 def factorial(*arg):
02     product=1
03     for n in arg:
04         product *= n
05     return product
06
07 ans1=factorial(5)
08 print(ans1)
09 ans2=factorial(5,4)
10 print('5*4=',ans2)
11 ans3=factorial(5,4,3)
12 print('5*4*3=',ans3)
13 ans4=factorial(5,4,3,2)
14 print('5*4*3*2=',ans4)
15
16
17 def myfruit(**arg):
18     return arg
19
20 print(myfruit(d1='apple', d2='mango', d3='grape'))
```

【執行結果】

```
5
5*4= 20
5*4*3= 60
5*4*3*2= 120
{'d1': 'apple', 'd2': 'mango', 'd3': 'grape'}
```

【程式碼解析】

- 第1～5行：如果事先不知道要傳入的引數個數，可以在定義函數時在參數前面加上一個星號「*」，表示該參數接受不定個數的引數，傳入的引數會視為一組元組（tuple）。
- 第17～18行：參數前面加上2個星號「**」，傳入的引數會視為一組字典（dict）。

　　以下程式範例建立分帳函數（SplitBill），讓使用者輸入帳單金額及分帳人數，帳單金額需加上服務費10%計算出應付金額及取整數的金額。

【範例程式：**SplitBill.py**】分帳程式

```
01 # -*- coding: utf-8 -*-
02 '''
03 分帳程式
04 '''
05
06 def SplitBill():
07     bill = float(input("帳單金額："))
08     split = float(input("分帳人數："))
09     tip = 0.1  #10%服務費
10     total = bill + (bill * tip)
11     each_total = total / split
12     each_pay = round(each_total, 0)
13     return each_total, each_pay
14
15
16 e1 ,e2 = SplitBill()
17 print("每人應付{},應付：{}".format(e1, e2))
```

【執行結果】

```
帳單金額：5000

分帳人數：3
每人應付1833.3333333333333,應付：1833.0
```

【程式碼解析】

● 第06～13行：定義自訂函數SplitBill()，該函數有兩個回傳值為each_total, each_pay。

● 第16行：變數e1 ,e2分別用來接收SplitBill()的兩個回傳值。

我們接著再來看另外一個例子，以下程式範例是計算所輸入兩數x、y的x^y值函數Pow()。

【範例程式：**pow.py**】：求取某數的某次方值實作練習：

```python
01 #引數：x 為底數
02 #y 為指數
03 #傳回值：次方運算結果
04 def Pow(x,y):
05     p=1
06     for i in range(y):
07         p *= x
08     return p
09 print("請輸入次方運算（ex.2 3）：")
10 x,y=input().split()
11 print('x=',x)
12 print('y=',y)
13 print("次方運算結果: %d" %Pow(int(x), int(y)))
```

【執行結果】

```
請輸入次方運算（ex.2 3）:
3 4
x= 3
y= 4
次方運算結果: 81
```

【程式碼解析】

● 第4～8行：定義了函數的主體。
● 第10行：輸入兩個整數。
● 第13行：呼叫函數結果。

6-1-2 參數傳遞

　　之前我們曾經提到，變數是儲存在系統記憶體的位址上，而位址上的數值和位址本身是獨立與分開運作，所以更改變數的數值，是不會影響它儲存的位址。而函數中的參數傳遞，是將主程式中呼叫函數的引數值，傳遞給函數部分的參數，然後在函數中處理該函數所定義的程式敘述。

　　大部分程式語言有以下兩種參數傳遞方式：

● 傳值呼叫：表示在呼叫函數時，會將引數值一一地複製給函數的參數，在函數中對參數值的修改，都不會影響到原來的引數值。

● 傳址呼叫：在呼叫函數時所傳遞給函數的參數值是引數的記憶體位址，因此函數內參數值的變動連帶著也會影響到原來的引數值。

　　但是Python的引數傳遞則是利用不可變和可變物件來運作，也就是說，當所傳遞的引數是一種不可變物件（immutable object）（如數值、字串）時，Python程式語言就會視為一種「傳值」呼叫。但是當所傳遞的引數是一種可變物件（mutable object）（如串列），Python程式語言就會視為一種「傳址」呼叫，這種情況下，在函數內如果可變物件被修改內容值，因爲占用同一位址，會連動影響函數外部的值。

　　以下範例是說明在函數內部變動字串的內容值不會影響函數外部的值，不過在函數內部修改串列的內容值，則會連動改變函數外部的值。

【範例程式：**arg.py**】Python的引數傳遞

```
01 def fun1(obj, price):
02     obj = 'Microwave'
03     print('函數內部修改字串及串列資料')
04     print('物品名稱:', obj)
05     #新增價格
06     price.append(12000)
07     print('物品售價:', price)
08
09 obj1 = 'TV'  #未呼叫函數前的字串
10 price1 = [24000, 18000, 35600] #未呼叫函數前的串列
11 print('函數呼叫前預設的字串及串列')
12 print('物品名稱:', obj1)
13 print('物品售價:', price1)
14 fun1(obj1, price1)
15
16 print('函數內部被修改過字串及串列:')
17 print('名字:', obj1) #字串內容沒變
18 print('分數:', price1) #串列內容已改變
```

【執行結果】

```
函數呼叫前預設的字串及串列
物品名稱: TV
物品售價: [24000, 18000, 35600]
函數內部修改字串及串列資料
物品名稱: Microwave
物品售價: [24000, 18000, 35600, 12000]
函數內部被修改過字串及串列:
名字: TV
分數: [24000, 18000, 35600, 12000]
```

6-1-3 位置引數與關鍵字引數

前面談過在呼叫函數時只要使用「()」括號運算子傳入引數即可，但是引數傳入的方式有分「位置引數」與「關鍵字引數」兩種方式，之前示範的函數呼叫方式都是採用位置引數，主要特點是傳入的引數個數與先後順序，必須與所定義函數的參數個數與前後順序互相一致。例如函數有3個參數，呼叫函數時必須以一對一的引數與之配對。

但是如果你希望所傳入的引數不一定要按照函數所定義的參數順序，這種情況下就可以採用關鍵字引數，它能讓使用者指定關鍵字的值的方式來傳入引數，在此我們實例以一個程式例子來加以說明，例如：（keyword.py）

```python
def func(x,y,z):
    formula = x*x+y*y+z*z
    return formula

print(func(z=5,y=2,x=7))
print(func(7, 2, 5))
print(func(x=7, y=2 , z=5))
print(func(7, y=2 , z=5))
```

執行結果：

```
78
78
78
78
```

從執行結果來看，各位可以看出這4種不同的關鍵字引數或混合位置引數與關鍵字引數的呼叫方式其執行結果值都一致。但是請各位要特別注意：如果位置引數與關鍵字引數混用必須確保位置引數得在關鍵字引數之前，而且每個參數只能對應一個引數，例如下式就是種錯誤的參數設定方式：

```
func(7, x=8 , z=5)
```

上式第一個位置引數是傳入給參數x，第2個引數又指定參數x，這種重複指定相同參數的值時，就會發生錯誤，所以使用上要特別留意。

6-1-4 lambda函數

lambda函數是一種新型態的程式語法，其主要目的是為了簡化程式，增強效能。各位可以將lambda運算式視為一種函數的表現方式，它可以根據輸入的值，決定輸出的值。通常一般函數需要給定函數名稱，但是lambda並不需要替函數命名，它可以稱lambda是一種匿名函數的運算式寫法。它可以允許我們在需要使用方法的時候，馬上建立一個匿名函數，其語法如下：

```
lambda 參數串列, ... : 運算式
```

其中運算式之前的冒號「:」不能省略，運算式不能使用return指令。例如要將數學函數f(x)=3*x-1寫成lambda運算式，如下所示：（lambda1.py）

```
result = lambda x : 3*x-1  #lambda()函數
print(result(3)) #輸出數值8
```

也就是說「:」左邊是參數，「:」右邊是運算式或程式區塊，以本例

而言，「:」右邊是運算式3*x-1。上面的例子中在「:」左邊參數的個數是1個。

　　自訂函數與lambda()有何不同？先以一個簡例做解說，在下面就是以lambda()函數先定義再呼叫指定的變數formula。（ambda2.py）

```
def formula(x, y): #自訂函數
    return 3*x+2*y

formula = lambda x, y : 3*x+2*y  #表示lambda有二個參數
print(formula (5,10)) ##傳入兩個數值讓lambda()函數做運算，輸出數值35
```

　　從上面的程式碼中分別以自訂函數及lambda()函數兩種方式自訂函數，我們可以觀察到自訂函數與lambda()函數有以下幾點觀察重點：

● 自訂函數的函數名稱，可作爲呼叫lambda()函數的變數名稱。
● 定義函數時，函數主體有多行指令；但是lambda()函數只能有一行運算式。
● 自訂函數有名稱，但lambda()函數無名稱，lambda()函數必須指定一個變數來儲存運算結果。
● 自訂函數以return指令回傳；lambda()函數由變數指定變數儲存。
● lambda()函數必須以變數名稱（例如上例中的formula變數）來呼叫lambda()函數，依其定義傳入參數。

6-2 變數有效範圍

　　變數可視範圍（或稱變數的有效範圍）是依據變數所在的位置來決定，而形成不同的作用範圍（scope）與生命期（lifetime）。所謂變數的可視範圍（scope）是用來決定在程式中有哪些敘述句（statement）可以合法使用這個變數。至於生命週期，則是從變數宣告開始，一直到變數所

占用的記憶空間被釋放爲止。

在Python中，變數依照在程式中所定義的位置，可以區分成以下兩種作用範圍的變數，請看以下的說明。

6-2-1 全域變數和區域變數

全域變數（global variable）是宣告在程式區塊與函數之外，且在宣告指令以下的所有函數及程式區塊都可以使用到該變數。全域變數的生命週期是從宣告開始，一直到整個程式結束爲止。

至於判別變數的適用範圍？以第一次宣告時所在地來表示其適用範圍。底下例子說明了全域變數和區域變數的不同：

```
num = [4, 3, 2, 1] # num爲全域變數
for j in num:
    product = 1 #區域變數，儲存連續乘積結果
    product *= j #每次product的值都從1開始，無法計算各元素的乘積
print(product) #輸出num串列中的最後一個元素值，此例會輸出1
```

上述程式碼中的num儲存串列元素是全域變數，任何位置呼叫它皆可以。product宣告於for/in迴圈，每執行一次迴圈都要進行一次product = 1的初值設定，所以無法輸出各元素相乘的結果。所以上述的程式必須修正如下，如此變數product爲全域變數時，才可以得到正確答案。

```
num = [4, 3, 2, 1] # num爲全域變數
product = 1 #全域變數，儲存連續乘積結果
for j in num:
    product *= j #每次product的值都從1開始，無法計算各元素的乘積
print(product) #輸出正確答案
```

6-2-2 函數內全域變數

　　但是萬一撰寫的程式中同時有幾個位置有相同名稱的全域變數與區域變數，Python語言的作法則會以區域變數優先，例如在函數或迴圈內必須以區域變數優先，當離開函數或迴圈外時，則會採用全域變數。各位可以從以下的例子看出這兩者間的差別：

```
def fun():
    num=10  #函數內區域變數
    for i in range(num):
        print('*',end='')

num=30
fun()  #依區域變數所定義的個數輸出星星符號
print()
for i in range(num): #依全域變數所定義的個數輸出星星符號
    print('*',end='')
```

執行結果：

```
* * * * * * * * * *
* * * * * * * * * * * * * * * * * * * * * * * * * * * * * *
```

　　但是如果要在函數內使用全域變數，則必須在該函數內將該變數以global宣告。例如：

```
def fun():
    global num #說明在函數內使用的num變數是全域變數
    for i in range(num):#依全域變數所定義的個數輸出星星符號
        print('*',end='')
```

CHAPTER

6

```
    num=50  #在函數內將全域變數值改變成50

num=30
for i in range(num): #依全域變數所定義的個數輸出星星符號
    print('*',end='')
print()#換行
fun()  #呼叫函數
print()#換行
for i in range(num): #全域變數已變更為50,依此數字輸出星星符號
    print('*',end='')
```

執行結果：

```
* * * * * * * * * * * * * * * * * * * * * * * * * *
* * * * * * * * * * * * * * * * * * * * * * * * * *
* * * * * * * * * * * * * * * * * * * * * * * * * * * * * * * * * * * * * * * * * * * * *
```

6-3 常見Python函數

　　本節將為各位整理出Python中較為常用且相當實用的函數，包括數值函數、字串函數及與序列型別相關函數。

6-3-1 數值函數

　　下表列出Python與數值運算有關的內建函數。

名稱	說明
int(x)	轉換為整數型別
bin(x)	轉整數為二進位，以字串回傳

名稱	說明
hex(x)	轉整數為十六進位，以字串回傳
oct(x)	轉整數為八進位，以字串回傳
float(x)	轉換為浮點數型別
abs(x)	取絕對值，x可以是整數、浮點數或複數
divmod(a,b)	a // b得商，a % b取餘，a、b為數值
pow(x,y)	x ** y，(x ** y) % z
round(x)	將數值四捨五入
chr(x)	取得x的字元
ord(x)	傳回字元x的unicode編碼
str(x)	將數值x轉換為字串
sorted(list)	將串列list由小到大排序
max（參數列）	取最大值
min（參數列）	取最小值
len(x)	回傳元素個數

以下程式範例將示範各種常用數值函數的使用範例。

【範例程式：**numberfun.py**】數值函數的使用範例

```
01 print('int(8.4)=',int(8.4))
02 print('bin(14)=',bin(14))
03 print('hex(84)=',hex(84))
04 print('oct(124)=',oct(124))
05 print('float(6)=',float(6))
06 print('abs(-6.4)=',abs(-6.4))
07 print('divmod(58,5)=',divmod(58,5))
08 print('pow(3,4)=',pow(3,4))
09 print('round(3.5)=',round(3.5))
10 print('chr(68)=',chr(68))
```

```
11 print('ord(\'%s\')=%d' %('A',ord('A')))
12 print('str(1234)=',str(1234))
13 print('sorted([5,7,1,8,9])=',sorted([5,7,1,8,9]))
14 print('max(4,6,7,12,3)=',max(4,6,7,12,3))
15 print('min(4,6,7,12,3)=',min(4,6,7,12,3))
16 print('len([5,7,1,8,9])=',len([5,7,1,8,9]))
```

【執行結果】

```
int(8.4)= 8
bin(14)= 0b1110
hex(84)= 0x54
oct(124)= 0o174
float(6)= 6.0
abs(-6.4)= 6.4
divmod(58,5)= (11, 3)
pow(3,4)= 81
round(3.5)= 4
chr(68)= D
ord('A')=65
str(1234)= 1234
sorted([5,7,1,8,9])= [1, 5, 7, 8, 9]
max(4,6,7,12,3)= 12
min(4,6,7,12,3)= 3
len([5,7,1,8,9])= 5
```

【程式碼解析】

● 第1～16行：各種數值函數的使用語法範例。

6-3-2 字串相關函數

本單元將介紹一些常用的字串方法（函數），當宣告了字串變數之後，就可以透過「.」（dot）運算子來取得方法（函數）。

■ 與子字串有關的函數

首先先列出與子字串有關的方法與函數，如何在字串搜尋或替換新的子字串。

字串常用方法	說明
find(sub[, start[, end]])	用來尋找字串的特定字元
index(sub[, start[, end]])	回傳指定字元的索引值
count(sub[, start[, end]])	以切片用法找出子字串出現次數
replace(old, new[, count])	以new子字串取代old子字串
startswith(s)	判斷字串的開頭是否與設定值相符
endswitch(s)	判斷字串的結尾是否與設定值相符
split()	依據設定字元來分割字串
join(iterable)	將iterable的字串串連成一個字串
strip()、lstrip()、rstrip()	移除字串左右特定字元

其中split()方法可以根據指定分隔符號將字串分割為子字串，並回傳子字串的串列。格式如下：

字串.split(分隔符號, 分割次數)

預設的分隔符號為空字串，包括空格、換行符號（\n）、定位符號（\t）。使用split()方法分割字串時，會將分割後的字串以串列（list）回傳。例如：（split.py）

```
str1 = "apple \nbanana \ngrape \norange"
print( str1.split() ) #沒有指定分割字元，所以會以空格與換行符號(\n)來分割
print( str1.split(' ', 2 ) ) #以空格分割，分割3個子字串之後的字串就不再分割
```

執行結果：

```
['apple', 'banana', 'grape', 'orange']
['apple', '\nbanana', '\ngrape \norange']
```

以下範例搜尋特定字串出現次數：（count.py）

```
str1="do your best what you can do"
s1=str1.count("do",0) #從str1字串索引0的位置開始搜尋
s2=str1.count("o",0,20) #搜尋str1從索引值0到索引值20-1的位置
print("{}\n「do」出現{}次,「o」出現{}次".format(str1,s1,s2))
```

執行結果：

```
do your best what you can do
「do」出現2次,「o」出現3次
```

另外，上表中的函數strip()用於去除字串首尾的字元，lstrip()用於去除左邊的字元，rstrip()用於去除右邊的字元，三種方法的格式相同，以下以strip()做說明：

```
字串.strip([特定字元])
```

特定字元預設爲空白字元，特定字元可以輸入多個，例如：

```
str1="Happy new year?"
s1=str1.strip("H?")
print(s1)
```

執行結果：

`appy new year`

　　由於傳入的是("H?")相當於要去除「H」與「?」，執行時會依序去除兩端符合的字元，直到沒有匹配的字元為止，所以上面範例分別去除了左邊的「H」與右邊的「?」字元。

　　至於函數replace()可以將字串裡的特定字串替換成新的字串，程式範例如下：（replace.py）

```
s= "My favorite sport is baseball."
print(s)
s1=s.replace("baseball", "basketball")
print(s1)
```

執行結果：

```
My favorite sport is baseball.
My favorite sport is basketball.
```

　　這裡還要介紹兩種函數，它會依據設定範圍判斷設定的子字串是否存在於原有字串，若結果相符會以True回傳。startswith()函數用來比對前端字元，endswith()函數則以尾端字元為主。

　　startswith()函數如果沒有設參數開始索引、結束索引時，只會搜尋整句的開頭文字是否符合。若要搜尋第二個子句的開頭字元是否符合，startswith()函數就得加入start或end參數。endswith()函數要搜尋非句尾的末端字元，同樣要設開始索引或結束索引參數才會依索引值做搜尋。

　　有關這兩個方法的語法如下：

```
startswith(開頭的字元[,開始索引[,結束索引]])
endswith(結尾的字元[,開始索引[,結束索引]])
```

例如：（startswith.py）

```
wd = 'Python is funny and powerful.'
print('字串:', wd)
print('Python為開頭的字串嗎', wd.startswith('Python'))   #回傳True
print('funny為開頭的字串嗎', wd.startswith('funny', 0))#回傳False
print('funny從指定位置的開頭的字串嗎', wd.startswith('funny', 10))  #回傳True
print('powerful.為結尾字串嗎', wd.endswith('powerful.'))  #回傳True
```

執行結果：

```
字串: Python is funny and powerful.
Python為開頭的字串嗎 True
funny為開頭的字串嗎 False
funny從指定位置的開頭的字串嗎 True
powerful.為結尾字串嗎 True
```

■ 跟字母大小寫有關的方法與函數

字串還有哪些方法？以下介紹一些跟字母大小寫有關的方法。

方法	說明
capitalize()	只有第一個單字的首字元大寫，其餘字元皆小寫
lower()	全部大寫
upper()	全部小寫
title()	採標題式大小寫，每個單字的首字大寫，其餘皆小寫

方法	說明
islower()	判斷字串是否所有字元皆為小寫
isupper()	判斷字串是否所有字元皆為大寫
istitle()	判斷字串首字元是否為為大寫，其餘皆小寫

以下程式範例示範跟字母大小寫有關的方法：（letter.py）

```
phrase = 'never put off until tomorrow what you can do today.'
print('原字串：', phrase)
print('將首字大寫 ', phrase.capitalize())
print('每個單字的首字會大寫', phrase.title())
print('全部轉為小寫字元', phrase.lower())
print('判斷字串首字元是否為大寫', phrase.istitle())
print('是否皆為大寫字元', phrase.isupper())
print('是否皆為小寫字元', phrase.islower())
```

執行結果：

```
原字串: never put off until tomorrow what you can do today.
將首字大寫 Never put off until tomorrow what you can do today.
每個單字的首字會大寫 Never Put Off Until Tomorrow What You Can Do Today.
全部轉為小寫字元 never put off until tomorrow what you can do today.
判斷字串首字元是否為大寫 False
是否皆為大寫字元 False
是否皆為小寫字元 True
```

■ 與對齊格式有關的方法

字串也提供與對齊格式有關的方法，請參考下表：

方法	說明
center(width [, fillchar])	增長字串寬度，字串置中央，兩側補空白字元
ljust(width [, fillchar])	增長字串寬度，字串置左邊，右側補空白字元
rjust(width [, fillchar])	增長字串寬度，字串置右邊，左側補空白字元
zfill(width)	字串左側補「0」
partition(sep)	字串分割成三部分，sep前，sep，sep後
splitlines([keepends])	依符號分割字串為序列元素，keepends = True 保留分割的符號

以下程式範例示範與對齊格式有關的方法。

【範例程式：**align.py**】與對齊格式有關的方法

```
01  str1 = '淡泊以明志，寧靜以致遠'
02  print('原字串', str1)
03  print('欄寬20，字串置中', str1.center(20))
04  print('字串置中，# 填補', str1.center(20, '#'))
05  print('欄寬20，字串靠左', str1.ljust(20, '@'))
06  print('欄寬20，字串靠右', str1.rjust(20, '!'))
07
08  mobilephone = '931828736'
09  print('字串左側補0:', mobilephone.zfill(10))
10
11  str2 = 'Time create hero.,I love my family.'
12  print('以逗點分割字元', str2.partition(','))
13
14  str3 = '忠孝\n仁愛\n信義\n和平'
15  print('依\\n分割字串', str3.splitlines(False))
```

【執行結果】

```
原字串 淡泊以明志, 寧靜以致遠
欄寬20, 字串置中     淡泊以明志, 寧靜以致遠
字串置中, # 填補 ####淡泊以明志, 寧靜以致遠#####
欄寬20, 字串靠左 淡泊以明志, 寧靜以致遠@@@@@@@@@@
欄寬20, 字串靠右 !!!!!!!!!!淡泊以明志, 寧靜以致遠
字串左側補0: 0931828736
以逗點分割字元 ('Time create hero.', ',', 'I love my family.')
依\n分割字串 ['忠孝', '仁愛', '信義', '和平']
```

【程式碼解析】

- 第3～4行：使用center()方法，設定欄寬(參數width)為20，字串置中時，兩側補「#」。

- 第5～6行：ljust()方法會將字串靠左對齊；rjust()方法會將字串靠右對齊。

- 第8～9行：字串左側補「0」。

- 第12行：partition()方法中，會以sep參數「,」為主，將字串分割成三個部分。

- 第14行：splitlines()方法的參數keepends設為False，分割的字元不會顯示出來。

6-3-3 與序列型別有關的函數

下表列出與序列型別有關的函數，例如透過list()函數可將其他物件轉為list。

BIF	說明
list()	轉換為list物件
tuple()	轉換為tuple物件

BIF	說明
len()	回傳物件的長度
max()	找出最大的
min()	找出最小的
reversed()	反轉元素，以迭代器回傳
sum()	計算總和
sorted()	排序

以下程式範例是與序列型別有關的函數實作練習。

【範例程式：sequence.py】與序列型別有關的函數實作練習

```
01 str1="I love python."
02 print("原字串內容: ",str1)
03 print("轉換成串列: ",list(str1))
04 print("轉換成值組: ",tuple(str1))
05 print("字串長度: ",len(str1))
06
07 list1=[8,23,54,33,12,98]
08 print("原串列內容: ",list1)
09 print("串列中最大值: ",max(list1))
10 print("串列中最小值: ",min(list1))
11
12 relist=reversed(list1)#反轉串列
13 for i in relist: #將反轉後的串列內容依序印出
14     print(i,end=' ')
15 print()#換行
16 print("串列所有元素總和: ",sum(list1))#印出總和
17 print("串列元素由小到大排序: ",sorted(list1))
```

【執行結果】

```
原字串內容: I love python.
轉換成串列: ['I', ' ', 'l', 'o', 'v', 'e', ' ', 'p', 'y', 't', 'h', 'o', 'n', '.']
轉換成值組: ('I', ' ', 'l', 'o', 'v', 'e', ' ', 'p', 'y', 't', 'h', 'o', 'n', '.')
字串長度: 14
原串列內容: [8, 23, 54, 33, 12, 98]
串列中最大值: 98
串列中最小值: 8
98  12  33  54  23  8
串列所有元素總和: 228
串列元素由小到大排序: [8, 12, 23, 33, 54, 98]
```

【程式碼解析】

- 第3行：將字串轉換成串列。
- 第4行：將字串轉換成值組。
- 第5行：輸出字串長度。
- 第9~10行：輸出串列所有元素的最大值及最小值。
- 第12~14行：將反轉後的串列內容依序印出。
- 第16行：串列所有元素總和。
- 第17行：串列元素由小到大排序。

6-4 上機綜合練習

1. 以下程式範例將建立業務獎金計算函數，讓使用者輸入產品單價及銷售
   數量，業務獎金計算需乘上35%計算出應得獎金。

```
產品單價：500
銷售數量：10
總銷售業績5000.0,應付獎金：1750.0
```

解答：bonus.py

2. 以下這個範例會要求您輸入兩個數值，並且利用輾轉相除法計算這兩個
   數值最大公因數。

```
請輸入兩個數值
數值 1：48
數值 2：72
48 及 72
的最大公因數為： 24
```

解答：common.py

本章課後習題

一、填充題

1. 函數可分為_____與_____。
2. 定義函數時要有_____來準備接收資料，而呼叫函數要有_____
   做進行資料的傳遞工作。
3. Python函數的引數分為_____引數與_____引數。
4. Python的不可變物件（如數值、字串）傳遞引數時，接近於_____
   呼叫。
5. 如果要在函數內使用全域變數，則必須在函數中將該變數以_____
   宣告。

二、問答與實作題

1. 如果要自訂一個可以傳3個參數的函數，回傳值為這3個參數的總和，該如何做？

2. 請問以下程式的執行結果？

```
def func(a,b):
    x = a * b+6
    print(x)


print(func(3,2))
```

3. 請問以下程式的執行結果？

```
def func(a,b):
    p1 = a + b
    p2 = a % b
    return p1, p2


num1 ,num2 = func(22, 3)
print(num1,num2)
```

4. 請問以下程式的執行結果？

```
def factorial(*arg):
    product=1
    for n in arg:
        product *= n
    return product


ans3=factorial(3,3,3)
print(ans3)
```

5. 請問以下程式的執行結果？

```
def Pow(x,y):
    p=1
    for i in range(y):
        p *= x
    return p

x,y=2,6
print(Pow(x,y))
```

6. 請問以下程式的執行結果？

```
def func(x,y,z):
    formula = x+y+z
    return formula

print(func(z=5,y=2,x=7))
print(func(x=7, y=2 , z=5))
```

7. 請問以下程式的執行結果？

```
result = lambda x : 3*x*x-1
print(result(2))
```

8. 試比較自訂函數與 lambda() 函數的異同。

9. 在 Python 中可以區分成哪兩種作用範圍的變數？

10. 請問以下程式的執行結果？

```
score = [80, 90, 100]
total = 0
for item in score:
    total += item
    print(total)
print(total)
```

11. 試簡述sorted函數與sort ()方法兩者間的異同？

12. 請簡單說明Python的引數傳遞的機制。

13. 變數依其有效範圍分為全域變數與區域變數，兩者間的差異為何？

第七章

大話模組與套件

Python最為人津津樂道的好處是加入許多由其他程式設計高手熱心設計的模組，使得許多複雜功能的程式，只要透過短短幾行程式就可以運作，當需要的時候再加入自己的程式中就可以簡單地引入使用，節省許多自行開發的時間。基本上，任何的Python文件（使用.py作為副檔名）都可以被視為是一個模組，程式檔中可以撰寫如函式（function）、類別（class）、使用內建模組或自訂模組以及使用套件等等。套件簡單來說就是由一堆.py檔集結而成的。

由於模組有可能會有多個檔情況，為了方便管理以及避免與其他檔名產生衝突的情形，會將這些分別開設目錄也就是建立出資料夾，所以套件（package）和模組之間的區別只存在於架構規模不同。如果說模組就是一個檔案，而套件就是一個目錄！目錄中除了包含檔案外，也可能包含其它的子目錄。除了內建套件外，Python也支援第三方公司所開發的套件，這使得其功能更為強大，並受到許多使用者的喜愛，本章中將簡介Python的模組與套件與特殊應用。

7-1 模組簡介

Python自發展以來累積了相當完整的標準函數庫，這些標準函數庫裡包含相當多模組，所謂模組是指已經寫好的Python檔案，也就是一個

「*.py」檔案，模組中包含可執行的敘述和定義好的資料、函數或類別，Python的標準函數庫包含相當多模組，要使用模組內的函數，必須事先匯入。

7-1-1 匯入模組的方式

匯入模組的方式除了匯入單一模組外，也可以一次匯入多個模組，本節將介紹各種模組匯入的方式。一般而言，只要使用import指令就可以匯入指定的模組，格式如下：

```
import 模組名稱
```

例如底下指令可以匯入math數學模組：

```
import math  #匯入數學模組
```

在程式設計的習慣上，會將import指令放在程式最上方，模組匯入後就可以使用該模組的函數。例如以下範例使用math模組來求兩個整數間的最大公因數：

```
import math  #匯入數學模組
print("math.gcd(72,48)= ",math.gcd(72,48)) #最大公因數
```

執行結果：

```
math.gcd(72,48)=   24
```

又例如想要計算3的4次方，就可以使用math模組的pow()函數。程式碼如下：

```
import math  #匯入數學模組
print("math.pow(3,4)= ",math.pow(3,4)) #回傳指數運算結果
```

執行結果：

```
math.pow(3,4)=   81.0
```

但是如果要一次匯入多個模組，則必須以逗點「,」隔開不同的模組名稱，語法如下：

```
import 模組名稱1, 模組名稱2, ...., 模組名稱n
```

例如如果想同時匯入Python亂數模組和數學模組，語法如下：

```
import random, math
```

我們來看一個例子，其中數學模組的floor()函數是取小於參數的最大整數，而亂數模組的random()函數是取0~1之間的亂數，程式碼如下：

```
import random, math #匯入亂數和數學模組
print("math.floor(10.6)= ",math.floor(10.6))  #取小於參數的最大整數
print("random.random()= ", random.random()) #取0~1之間的亂數
```

執行結果：

```
math.floor(10.6)=   10
random.random()=   0.27879977740036777
```

　　如果模組的名稱過長，每次呼叫模組內的函數還要寫上這模組的名稱，確實會給程式設計人員帶來一些不必要的麻煩，而且也有可能在輸入模組名稱的過程中增加輸入錯誤的可能。為了改善這個問題，當遇到較長的套件名稱時，也可以另外取一個簡短、有意義又好輸入的別名，要將套件名稱指定別名的語法如下：

import 套件名稱 as 別名

　　有了別名之後，就可以利用「別名.函數名稱」的方式進行呼叫。

　　例如上面例子中的math.floor()函數也以改用別名的方式呼叫函數，程式碼如下：

```
import math as m  #將math取別名為m
print("floor(10.6)= ", m.floor(10.6))  #以別名來進行呼叫
```

執行結果：

```
floor(10.6)=   10
```

　　至於如果只會使用該模組內的特定函數，可以事先將該特定函數匯入，當在程式中使用到該模組中的函數時，就不需要加上模組名稱，直接輸入函數名稱，就可以呼叫該函數，格式如下：

from 模組名稱　import 函數名稱

　　例如只想從亂數模組中匯入randint()函數，在程式中就可以直接以函數名稱呼叫，其程式碼如下：

```
from random import randint
print(randint(10,500)) #會產生指定範圍內的亂數整數
```

執行結果：

```
313
```

另外，如果下達「from 套件名稱 import *」指令，可匯入該套件的所有函數，例如以下語法會匯入亂數模組內的所有函數：

```
from random import *
```

因此上一個例子就可以改寫成：

```
from random import *
print(randint(10,500))
```

執行結果：

```
149
```

下面的例子為math模組另外取一個別名，並試著以別名方式練習呼叫math模組的各種函數。

【範例程式：**math.py**】math模組常用函數練習

```
01 import math as m #以別名取代
02 print("sqrt(16)= ",m.sqrt(16)) #平方根
03 print("fabs(-8)= ",m.fabs(-8)) #取絕對值
```

```
04 print("fmod(16,5)= ",m.fmod(16,5)) # 16%5
05 print("floor(3.14)= ",m.floor(3.14)) # 3
```

【執行結果】

```
sqrt(16)=    4.0
fabs(-8)=    8.0
fmod(16,5)=    1.0
floor(3.14)=    3
```

【程式碼解析】

● 第1行：以別名m取代math模組。

● 第2~5行：以別名m呼叫math模組內的各種函數。

7-2 自製模組

　　累積了大量寫程式的經驗之後，必定會有許多自己寫的函數，這些函數也可以整理成模組，等到下一個專案時直接匯入，就可以重複使用，其作法是只要將函數放在.py文件，儲存之後就可以當作模組被匯入使用，以下實際來操作看看。首先請先建立一個Python文件，檔案命名為moduleDiy.py，裡面寫好SplitBill()函數，程式碼如下：

【範例程式：**moduleDiy.py**】自製模組

```
01 def SplitBill(bill,split):
02     '''
03     函數功能：分帳
04     bill:帳單金額
05     split:人數
06     '''
```

```
07    tip = 0.1  #10%服務費
08    total = bill + (bill * tip)
09    each_total = total / split
10    each_pay = round(each_total, 0)
11    return each_pay
```

　　寫好的.py文件儲存在與主文件相同資料夾就可以當成模組來使用了。接著請建立一個主程式，把剛剛寫好的moduleDiy模組匯入，如此一來，就可以在主程式中呼叫自訂模組裡的函數，程式如下：

【範例程式：**use_module.py**】自製模組主程式

```
01 # -*- coding: utf-8 -*-
02 import moduleDiy
03
04 pay = moduleDiy.SplitBill(5000,3)  #呼叫SplitBill函數
05 print(pay)
```

【執行結果】

```
moduleDiy
1833.0
```

　　匯入所使用的moduleDiy.py程式碼，有可能需要修改或測試，如果每次都要在別的文件測試好再複製到moduleDiy.py文件，這未免也太麻煩了！其實我們可以在moduleDiy.py直接撰寫程式並測試，只要利用Python提供的__name__屬性，就可以判斷程式是直接執行，還是被import當成模組。下一小節就一起來看看好用的__name__屬性。

7-2-1 認識Python的__name__屬性

　　Python的文件都有__name__屬性，當Python的.py裡的程式碼直接執行的時候，__name__屬性會被設定為「__main__」；如果文件被當成模組import時，屬性就會被定義為.py的文件名稱。接著同樣使用上一小節的moduleDiy.py檔案當作範例，來示範__name__屬性的用法，請看以下程式碼。

【範例程式：**moduleDiy_name.py**】__name__屬性的用法

```
01  def SplitBill(bill,split):
02      '''
03      函數功能：分帳
04      bill:帳單金額
05      split:人數
06      '''
07      print(__name__)   #輸出__name__設定值
08
09      tip = 0.1  #10%服務費
10      total = bill + (bill * tip)
11      each_total = total / split
12      each_pay = round(each_total, 0)
13      return each_pay
14
15
16  if __name__ == '__main__':   #判斷__name__
17      pay = SplitBill(5000,3)
18      print(pay)
```

【執行結果】

　　（當程式碼直接執行的時候，其結果如下）

```
__main__
1833.0
```

（當moduleDiy_name.py被當成模組使用時，其結果如下）

```
moduleDiy_name
1833.0
```

7-3 常用內建模組

　　Python的標準函式庫提供許多不同用途的模組供程式設計人員使用，例如math模組提供許多浮點數運算的函數；time模組定義了一些與時間和日期相關的函數；datetime模組有許多操作日期以及時間的函數；os模組是作業系統相關模組。本節將介紹幾個常用的模組，包括random模組、time模組以及datetime模組。

7-3-1 random模組

　　我們設計程式時需要一些隨機性的資料，而用來產生隨機資料的方式之一，就是利用亂數功能。random模組可以用來產生亂數，例如在製作發牌、抽獎或猜數字遊戲時經常用到，Python貼心地提供了random模組來產生各種形式的亂數，下表為random模組中各函數功能說明及使用範例：

函數	說明	範例
random()	產生隨機浮點數 n，0 <= n < 1.0	random.random()
uniform(f1,f2)	在f1及f2範圍內產生隨機浮點數	random.uniform(101, 200)
randint(n1,n2)	在n1及n2範圍內隨機產生一個整數	random.randint(-50,0)

函數	說明	範例
randrange(n1,n2,n3)	在n1及n2範圍內，按照遞增基數n3取一個隨機數	random.randrange(2, 500, 2)
choice()	從序列中取一個隨機數	random.choice(["健康", "運勢", "事業", "感情", "流年"])
shuffle(x)	將序列打亂	random.shuffle(['A','J','Q','K'])
sample(序列或集合, k)	從序列或集合擷取k個不重複的元素	random.sample('123456', 2)

　　random模組裡的函數都很容易使用，最常見的是只要設定一個範圍，它就會從這個範圍內取得一個數字，以下的例子就是在指定範圍產生整數亂數及浮點數亂數。（rint.py）

```
import random as r #為random模組取別名
for j in range(6): #以迴圈執行6次
    print(r.randint(1,42), end=' ')#產生1-42的整數亂數
print() #換行1
for j in range(3): #以迴圈執行3次
    print(r.uniform(1,10), end=' ')#產生1-10間的亂數
```

執行結果：

```
38  26  10  6  35  36
4.968840680203568 2.616566018605292 6.4187055506483235
```

　　我們這裡要特別補充說明randrange()與shuffle()這兩個函數。randrange()函數是在指定的範圍內，依照遞增基數隨機取一個數，所以取出的數一定是遞增基數的倍數。另外shuffle(x)函數是直接將序列x打亂，並傳回None，所以不能直接用print()函數來將它輸出。例如下例表示從

2-500間取10個偶數：（range1.py）

```
import random as r #以別名方式匯入random模組
for i in range(10): #執行10次
    print ( r.randrange(2, 500, 2) ) #從2-500間取10個偶數
```

執行結果：

```
206
172
208
74
96
128
484
352
244
42
```

而下例則表示從0-100取隨機數：（range2.py）

```
import random as r #以別名方式匯入random模組
for i in range(10): #執行10次
    print(r.randrange(100)) #從0-100取隨機整數
```

執行結果：

```
66
46
99
59
70
99
96
44
74
82
```

下面的例子為各位示範random模組各種函數的操作練習。

【範例程式：**random.py**】random模組常用函數練習

```
01  import random as r
02
03  print( r.random() ) #產生隨機浮點數n,0 <= n < 1.0
04  print( r.uniform(101, 200) ) #產生101-200之間的隨機浮點數
05  print( r.randint(-50, 0) ) #產生-50-0之間的隨機整數
06  print( r.randrange(0, 88, 11) ) #從序列中取一個隨機數
07  print( r.choice(["健康", "運勢", "事業", "感情", "流年"]) ) #
08
09  items = ['a','b','c','d']
10  r.shuffle(items) #將items序列打亂
11  print( items )
12  #從序列或集合擷取12個不重複的元素
13  print( r.sample('0123456789ABCDEFGHIJKLMNOPQRSTUVWX
    YZ', 12))
```

【執行結果】

```
0.11245704697791037
126.74606017091284
-27
22
運勢
['b', 'a', 'd', 'c']
['S', 'Y', '3', 'D', 'Z', 'T', 'K', 'J', 'W', '4', '2', '7']
```

【程式碼解析】

● 第1行：以取別名方式匯入random()模組。

● 第3~13行：示範random()模組內重要函數的使用方式。

7-3-2 time模組

Python時間套件中提供許多和時間有關的功能，在實際撰寫程式的過程中，有時會需要計算兩個動作或事件間的時間經過了多久，這個時候就可以使用時間套件中perf_counter()或 process_time()來取得程式執行的時間。time模組常用的函數簡介如下：

函數	說明
perf_counter() 或 process_time()	較舊版本的time.clock()會以浮點數計算的秒數返回當前的 CPU 時間。Python 3.3 以後不被推薦，建議使用 perf_counter() 或 process_time() 代替。
sleep(n)	這個函數可以讓程式停止所傳入n秒。
time()	取得目前的時間數值，Python的時間是以tick為單位，即百萬分之一秒，或簡稱為微秒。此函數所取得的「時間數值」是從西元1970年1月1日零時開始到現在所經歷的秒數，精確度到小數點後6位的浮點數。
localtime([時間數值])	因為時間數值對使用者較無意義，此函數可以取得使用者時區的日期及時間資訊，並以元組資料型態回傳。
ctime([時間數值])	功能和localtime()類似，但以字串資料型態回傳時間
asctime()	列出目前系統時間

在舉例之前，我們先來說明localtime（[時間數值]）函數的用法，呼叫這個函數時，它的「時間數值」參數可以省略。但是如果沒有傳入任何參數，表示該函數會回傳目前的日期及時間，並以元組資料型態回傳。例如以下的語法：

```
import time as t
print(t.localtime())
```

執行結果：

```
time.struct_time(tm_year=2019, tm_mon=4, tm_mday=29, tm_hour=9, tm_min=12,
tm_sec=11, tm_wday=0, tm_yday=119, tm_isdst=0)
```

在上圖中傳回的元組資料型態中，各名稱的意義如下：

● tm_year：元組資料索引值0，代表西元年。

● tm_mon：元組資料索引值1，代表1-12月分。

● tm_mday：元組資料索引值2，代表1-31日數。

● tm_hour：元組資料索引值3，代表0-23小時。

● tm_min：元組資料索引值4，代表0-59分。

● tm_sec：元組資料索引值5，代表0-60的秒數，有可能閏秒。

● tm_wday：元組資料索引值6，代表星期幾，數值0-6。

● tm_yday：元組資料索引值7，代表一年中第幾天，數值為1-366，有可
能潤年。

● tm_isdst：元組資料索引值8，代表時光節約時間，0為無時光節約時
間，1為時光節約時間。

我們再來看另一個有關asctime()的使用方式，該函數會列出目前系統
時間，請參考下例：

```
import time as t
print(t.asctime ())
```

執行結果：

```
Sat Jan 14 11:50:07 2023
```

　　下面範例則是time模組各種函數的操作練習，本程式中除了示範如何使用time模組的函數外，也可以清楚看出「時間數值」包含哪些欄位及所代表的意義。

【範例程式：**time.py**】time模組常用函數練習

```python
01  import time as t
02
03  print(t.time())
04  print(t.localtime())
05
06  field=t.localtime(t.time())#以元組資料的名稱去取得資料
07  print('tm_year= ',field.tm_year)
08  print('tm_mon= ',field.tm_mon)
09  print('tm_mday= ',field.tm_mday)
10  print('tm_hour= ',field.tm_hour)
11  print('tm_min= ',field.tm_min)
12  print('tm_mec= ',field.tm_sec)
13  print('tm_wday= ',field.tm_wday)
14  print('tm_yday= ',field.tm_yday)
15  print('tm_isdst= ',field.tm_isdst)
16
17  for j in range(9):#以元組的索引值取得的資料內容
18      print('以元組的索引值取得資料= ',field[j])
19
20  print("我有一句話想對你說:")
21  t.sleep(1) #程式停1秒
22  print("學習Python的過程唯然漫長,但最終的果實是甜美的")
23  print("程式執行到目前的時間是"+str(t.process_time()))
```

```
24 t.sleep(2) #程式停2秒
25 print("程式執行到目前的時間是"+str(t.perf_counter()))
```

【執行結果】

```
1673668277.7616282
time.struct_time(tm_year=2023, tm_mon=1, tm_mday=14, tm_hour=11, tm_min=51,
tm_sec=17, tm_wday=5, tm_yday=14, tm_isdst=0)
tm_year=    2023
tm_mon=     1
tm_mday=    14
tm_hour=    11
tm_min=     51
tm_mec=     17
tm_wday=    5
tm_yday=    14
tm_isdst=   0
以元組的索引值取得資料=    2023
以元組的索引值取得資料=    1
以元組的索引值取得資料=    14
以元組的索引值取得資料–    11
以元組的索引值取得資料=    51
以元組的索引值取得資料=    17
以元組的索引值取得資料=    5
以元組的索引值取得資料=    14
以元組的索引值取得資料=    0
我有一句話想對你說:
學習Python的過程唯然漫長, 但最終的果實是甜美的
程式執行到目前的時間是0.09375
程式執行到目前的時間是99028.3832407
```

【程式碼解析】

- 第7～15行：以元組資料的名稱去取得資料。
- 第17～18行：以元組的索引值取得的資料內容。
- 第21行：程式停1秒。
- 第23行：輸出目前程式執行時間。
- 第24行：程式停2秒。
- 第25行：輸出目前程式執行時間。

7-3-3 datetime模組

datetime模組除了顯示日期時間之外，還可以進行日期時間的運算以及進行格式化，常用的函數如下：

函數	說明	範例
datetime.date(年,月,日)	取得日期	datetime.date(2023,5,25)
datetime.time(時,分,秒)	取得時間	datetime.time(12, 58, 41)
datetime.datetime(年,月,日[,時,分,秒,微秒,時區])	取得日期時間	datetime.datetime(2023, 3, 5, 18, 45, 32)
datetime.timedelta()	取得時間間隔	datetime.timedelta(days=1)

其中datetime模組可以單獨取得日期物件（datetime.date），也可以單獨取得時間物件（datetime.time）或者兩者一起使用（datetime.datetime）。

我們再來看datetime模組的函數使用及其輸出外觀：（datetime.py）

```
import datetime
print(datetime.date(2023,5,25))
print(datetime.time(12, 58, 41))
print(datetime.datetime(2023, 3, 5, 18, 45, 32))
print(datetime.timedelta(days=1))
```

執行結果：

```
2023-05-25
12:58:41
2023-03-05 18:45:32
1 day, 0:00:00
```

■ 日期物件：datetime.date(year, month, day)

日期物件包含年、月、日。常用的方法如下：

date方法	說明
datetime.date.today()	取得今天日期
datetime.datetime.now()	取得現在的日期時間
datetime.date.weekday()	取得星期數，星期一返回0，星期天返回6，例如： datetime.date(2023,3,9).weekday() 回傳3
datetime.date. isoweekday()	取得星期數，星期一返回1，星期天返回7，例如： datetime.date(2023,7,2). isoweekday() 回傳7
datetime.date. isocalendar()	返回3個元素的元組tuple，(年,週數,星期數)，例如： datetime.date(2023,5,7).isocalendar() 回傳(2023, 18, 7)

我們再來看日期物件常用方法及其輸出外觀：（date.py）

```
import datetime
print(datetime.date.today())
print(datetime.datetime.now())
print(datetime.date(2023,3,9).weekday())
print(datetime.date(2023,7,2).isoweekday())
print(datetime.date(2023,5,7).isocalendar())
```

執行結果：

```
2023-01-14
2023-01-14 11:40:52.014269
3
7
datetime.IsoCalendarDate(year=2023, week=18, weekday=7)
```

以下是日期物件常用的屬性：

date屬性	說明
datetime.date.min	取得支援的最小日期(0001-01-01)
datetime.date.max	取得支援的最大日期(9999-12-31)
datetime.date().year	取得年,例如datetime.date(2019,5,10).year #2019
datetime.date().month	取得月,例如datetime.date(2019,8,24).month #8
datetime.date().day	取得日,例如datetime.date(2019,8,24).day #24

我們再來看日期物件常用的屬性及其輸出外觀：（attribute.py）

```python
import datetime
print(datetime.date.min)
print(datetime.date.max)
print(datetime.date(2023,5,10).year)
print(datetime.date(2023,8,24).month)
print(datetime.date(2023,8,24).day)
```

執行結果：

```
0001-01-01
9999-12-31
2023
8
24
```

■ **時間物件**：datetime.time(hour=0,minute=0,second=0,microsec ond=0,tzinfo=None)

時間物件允許的值範圍如下：

0 <= hour < 24

0 <= minute < 60

0 <= second < 60

0 <= microsecond < 1000000

時間常用的屬性如下：

date屬性	說明
datetime.time.min	取得支援的最小時間(00:00:00)
datetime.time.max	取得支援的最大時間(23:59:59.999999)
datetime.time().hour	取得時,例如： datetime.time(18,25,33).hour #18
datetime.time().minute	取得分,例如： datetime.time(18,25,33).minute #25
datetime.time().second	取得秒,例如： datetime.time(18,25,33).second #33
datetime.time().microsecond	取得微秒,例如： datetime.time(18,25,33, 32154).microsecond #32154

我們再來看時間物件常用方法及其輸出外觀：（time_fun.py）

```
import datetime
print(datetime.time.min)
print(datetime.time.max)
print(datetime.time(18,25,33).hour)
```

```
print(datetime.time(18,25,33).minute)
print(datetime.time(18,25,33).second)
print(datetime.time(18,25,33, 32154).microsecond)
```

執行結果：

```
00:00:00
23:59:59.999999
18
25
33
32154
```

以下程式利用datetime模組讓使用者輸入年、月，並判斷當月最後一天的日期。因為每個月的最後一天並不是固定不變的，有可能是28、29、30、31四種可能。因此程式的設計技巧在於先求出下個月的第一天減一天，同樣可以得到答案。

【範例程式：lastDay.py】輸出指定月分最後一天

```
01 import datetime as d
02
03 def check(y,m):
04     temp_d=d.date(y,m,1)
05     temp_year = temp_d.year
06     temp_month= temp_d.month
07
08     if temp_month == 12 :
09         temp_month = 1
10         temp_year += 1
11     else:
12         temp_month += 1
13
```

```
14      return d.date(temp_year,temp_month,1)+ d.timedelta(days=-1)
15
16 year=int(input("請輸入要查詢的西元年："))
17 month=int(input("請輸入要查詢的月分1-12："))
18 print("你要查詢的月份的最後一天是西元",check(year,month))
```

【執行結果】

```
請輸入要查詢的西元年：2024
請輸入要查詢的月分1-12：5
你要查詢的月分的最後一天是西元 2024-05-31
```

7-4 上機綜合練習

1. 以下程式範例利用datetime模組讓使用者輸入年、月，並判斷當月最後
一天的日期。

　　解答：lastDayOfMonth.py執行結果：

```
請輸入年：2018

請輸入月：12
2018-12-31
```

2. 以下範例使用random模組裡的randint函數來取得隨機整數，以及利用
shuffle函數將數列隨機洗牌。

```
8 6 10 8 2
['2', '5', '9', '7', '10', '4', 'A', '6', 'Q', 'K', 'J', '3', '8']
```

　　解答：import.py

本章課後習題

一、填充題

1. 將多個模組組合在一起還能產生_____。

2. 在Python語言中擁有「_____」檔案的目錄就會被視為一個套件。

3. 若是需要使用模組的時候，只要使用_____指令就可以載入。

4. 當套件名稱有了別名之後，就可以利用_____的方式進行呼叫。

5. 當Python的.py裡的程式碼直接執行的時候，_____屬性會被設定為「_____」。

二、問答與實作題

1. 請舉出至少三種Python模組的名稱，並簡述該模組的功能。

2. 請簡述如何自訂模組的基本步驟。

3. 請問以下程式的執行結果？

```
import datetime
print(datetime.time(15,21,32).hour)
print(datetime.time(15,21,32).minute)
print(datetime.time(15,21,32).second)
```

4. 呼叫localtime（[時間數值]）函數，如果沒有傳入任何參數，會回傳目前的日期及時間，並以元組資料型態回傳。請簡述傳回的元組資料型態中，各名稱的意義。

5. 請問以下程式的執行結果？

```
import math
print(math.gcd(144,272))
```

6. 如果想從2-1000間隨機取20個偶數，程式該如何撰寫？

7. 要將套件名稱指定別名的語法為何？

8. 如何才能一次匯入多個套件？

9. 請撰寫一函數程式碼具有年、月、日三個參數，例如isVaildDate
   (yy,mm,dd)，檢查帶入的年月日是否為合法日期，如果是就輸出此日
   期，否則輸出「日期錯誤」。

   例如：

   isVaildDate(2017,3,30)，輸出「2017-03-30」

   isVaildDate(2017,2,30)，輸出「日期錯誤」

10. Python的標準函數庫裡面有非常多好用的模組，這些模組內的函數難
    免會有重複，試用Python如何避免不同模組之間同名衝突的問題。

第八章

速學檔案管理與例外處理

　　程式執行的過程中，如果要將資料計算而得的資料永久保存下來，必須透過檔案（file）格式來加以保存。檔案（file）是電腦中數位資料的集合，也是在磁碟機上處理資料的重要單位，這些資料以位元組的方式儲存。可以是一份報告、一張圖片或一個執行程式，並且包括了資料檔、程式檔與可執行檔等格式。在程式運作的過程中，所有的資料都是儲存在記憶體中，一旦結束程式再重新執行，之前輸入的資料就會全部消失。

8-1 認識檔案與開啓

　　Python在處理檔案的讀取與寫入都是透過檔案物件（file object），所謂檔案物件就是一個提供存取的介面，它並非實際的檔案，當開啓檔案之後，就必須透過「檔案物件」進行讀取（read）或寫入（write）的動作。檔案如果依儲存方式來分類，可以分文字檔（text file）與二進位檔（binary file）兩種。分別說明如下：

■ 文字檔

　　文字檔是以字元編碼的方式進行儲存，在Windows作業系統的記事本程式中則預設以ASCII編碼來儲存文字檔，每個字元占有1位元組。例如在文字檔中存入10位數整數1234567890，由於是以字元循序存入，所以總共需要10位元組來儲存。

■ 二進位檔

所謂二進位檔，就是以二進位格式儲存，也就是說將記憶體中資料原封不動儲存至檔案之中，這種儲存方式適用於非字元為主的資料。如果以記事本程式開啟，各位只會看到一堆亂碼喔！

其實除了以字元為主的文字檔外，所有的資料都可以說是二進位檔，例如編譯過後的程式檔案、圖片或影片檔案等。二進位檔的最大優點在於存取速度快、占用空間小以及可隨機存取，在資料庫應用上較文字檔案來得適合。

8-1-1 絕對路徑與相對路徑

首先說明「絕對路徑」和「相對路徑」的差異。簡單的說，「絕對路徑」指的是一個絕對的位置，並不會隨著現在目錄的改變而改變。例如：

```
C:\Windows\system\
```

「相對路徑」就是相對於現在目錄的路徑表示法，因此「相對路徑」所指到的檔案或目錄，會隨著現在目錄的不同而改變。通常我們用「.」代表現在目錄，而用「..」代表上一層目錄。

8-1-2 檔案開啟－open()函數

在Python中要開啟檔案必須藉助open()函數，open()函數語法如下：

```
open(file, mode, encode)
```

- file：以字串來指定想要開啟檔案的路徑和檔案名稱。
- mode：以字串指定開啟檔案的存取模式，預設值為讀取模式。
- encode：檔案的編碼模式，通常可以設定成cp950或UTF-8兩種，其中 cp950就是Big-5的中文編碼模式。

　　上面三種open()函數所使用的參數，其中file參數不可省略，其餘參 數如果省略時會採用預設值。

8-1-3 開啟檔案的模式

　　下表列出open()函數開啟檔案的常見模式：

mode	說明
"r"	讀取模式（預設值）
"w"	寫入模式，建立新檔或覆蓋舊檔（覆蓋舊有資料）
"a"	附加（寫入）模式，建立新檔或附加於舊檔尾端
"x"	寫入模式，檔案不存在建立新檔，檔案存在則有錯誤
"t"	文字模式（預設）
"b"	二進位模式
"r+"	更新模式，可讀可寫，檔案必須存在，從檔案開頭做讀寫
"w+"	更新模式，可讀可寫，建新檔或覆蓋舊檔內容，從檔案開頭做讀寫
"a+"	更新模式，可讀可寫，建立新檔或從舊檔尾端做讀寫

　　如果利用open()建立檔案成功，就會傳回檔案物件；但是如果失敗， 就會發生錯誤。另外，檔案處理結束後要記得以close()函數關閉檔案，例 如：

```
file1= open("test.txt "."r")
……………
……………
file1.close()
```

8-1-4 新建檔案

　　如果以寫入模式開啟檔案，第一次開啟檔案時該檔案不會存在，此時系統就會自動建立新檔，例如要在目前資料夾所在位置新建一個food.txt檔案，語法如下：

```
file1=open("food.txt","w")
```

　　請注意！寫入檔案時會從「檔案指標」開始寫入，所謂「檔案指標」是記錄目前檔案寫入或讀取到哪一個位置。

　　當使用open()函數開啟檔案時，檔案路徑必須以跳脫字元\\來表示\，例如：

```
file1=open("C:\\ex\\food.txt "."r")
```

　　如果在絕對路徑前面加r，來告知編譯器系統接著所使用路徑的字串是原始字串，如此一來，原先用\\來表示\就可以簡化如下：

```
file1=open(r"C:\ex\test.txt"."r")
```

　　以下範例我們嘗試用open()函數以寫入模式建立「phrase.txt」文字檔，並將設定好的字串資料寫入該檔案。

【範例：**newfile.py**】以寫入模式新建檔案

```
01 obj='''五福臨門
02 十全十美
03 '''
04 #建立新檔
05 fn = open('phrase.txt', 'w')
06 fn.write(obj)#將字串寫入檔案
07 fn.close()#關閉檔案
```

【執行結果】

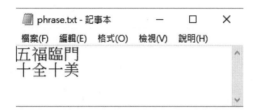

8-1-5 讀取檔案

當檔案建立之後，就可以使用read()方法來讀取檔案。下例示範如何使用read()方法讀取檔案，接著以print()函數輸出，最後再以close()關閉檔案。

【範例：**read.py**】read()方法實作

```
01 file1=open("phrase.txt","r")
02 text=file1.read() #以read()方法讀取檔案
03 print(text,end='')
04 file1.close()
```

【執行結果】

```
五福臨門
十全十美
```

除了用read()方法逐字元讀取檔案內容外，如果想逐行讀取檔案內容，也可以使用for迴圈逐行讀取和輸出檔案內容，請參考以下的範例：

【範例：**openfile.py**】逐行讀取檔案和輸出檔案

```
01  file1=open("phrase.txt",'r')
02  for line in file1:
03      print(line,end='')
04  file1.close()
```

【執行結果】

```
五福臨門
十全十美
```

上面程式碼中的line及file1可以自行取名，其中file1就是我們前面提到的檔案物件。

Tips

建議先以os.path模組所提供的isfile()來檢查指定檔名的檔案是否存在。如果檔案存在則傳回True，否則傳回False。

接下來的例子，我們一開始將檔案指標指向檔案的開頭，在讀取所指定的12個字元後，檔案指標也會移動到該12個字元之後，接著再讀取下一道指令所指定的字元數，一旦不再需要存取檔案時，就可以利用close()

方法關閉檔案。

【範例：**readnfile.py**】read(n)方法實作

```
01 #以open()方法開啓指定檔案的文字檔
02 fb=open("introduct.txt","r")
03 #以read(n)方法讀取檔案內容
04 text=fb.read(12)
05 #輸入字串變數text的內容
06 print(text)
07 #以read(n)方法讀取檔案內容
08 text=fb.read(13)
09 #輸入字串變數text的內容
10 print(text)
11 #以close()方法關閉檔案
12 fb.close()
```

【執行結果】

```
Word全方位排版實務：
紙本書與電子書製作一次搞定
```

我們知道檔案指標是指向目前要寫入或讀取檔案的位置，但是前面兩個例子的檔案指標的移動都是系統自行移動，如果程式設計人員想要自行透過指令移動到指定的位置，這個時候就可以使用seek(offset)方法。這個指令所代表的功能是將檔案指標移動到第offset+1個位元組，例如seek(0)表示將檔案指標移動到檔案中的第一個位元組位置，也就是檔案的開頭，接下來的例子，各位可以清楚知道seek()的主要功用。

【範例：**seek.py**】seek()方法實作

```
01 #以open()方法開啓指定檔案的文字檔
02 fb=open("introduct.txt","r")
```

```
03 #將檔案指標移動到檔案的開頭處
04 fb.seek(0)
05 #以read(n)方法讀取檔案內容
06 text=fb.read(4)
07 #輸入字串變數text的內容
08 print(text)
09 #將檔案指標往前移動20個位元組
10 fb.seek(20)
11 #以read(n)方法讀取檔案內容
12 text=fb.read(13)
13 #輸入字串變數text的內容
14 print(text)
15 #以close()方法關閉檔案
16 fb.close()
```

【執行結果】

```
Word
紙本書與電子書製作一次搞定
```

8-1-6 使用with...as指令

　　使用open()開啟檔案後，最後必須用close()關閉檔案，但如果使用with...as語法搭配open()函數開啟檔案，當with指令結束後，檔案會自動關閉所有已開啟的檔案。因此上例可以簡化如下：

【範例：**with.py**】使用with...as語法開檔案

```
01 with open("phrase.txt",'r') as file1:
02      for line in file1:
03          print(line,end='')
```

【執行結果】

五福臨門
十全十美

8-1-7 檔案編碼的設定

　　檔案處理時，如果文件設定的編碼和檔案讀取指定的編碼不同，會造成檔案判讀上的錯誤，open()函數預設的編碼模式和作業系統有關，以繁體中文windows為例，其預設的編碼是cp950，即Big-5編碼。

　　前面提到開啟檔案的方式是以Windows預設的編碼方式（cp950的Big-5碼的編碼方式）來讀取檔案，所以在使用open()函數沒有指定編碼方式的情況下，如果想在開啟檔案時明確指定編碼方式，作法如下：

```
file1=open('introduct.txt', 'r', encoding='cp950')
```

　　萬一在讀取檔案時，指定的編碼方式和實際檔案的編碼方式不同，就會造成檔案開啟的錯誤。例如以下的test_encode.txt檔案是以UTF-8的編碼格式存檔，如果我們在使用open()函數開啟檔案時，指定了cp950的編碼模式就會造成錯誤。下圖秀出test_encode.txt在存檔時以UTF-8編碼格式存檔。

如果各位在開啟檔案時，以指定cp950編碼的方式去開啟test_encode.txt（編碼格式為UTF-8），就會出現錯誤訊息，請參考以下的程式碼及錯誤視窗：（encode.py）

```
obj=open('test_encode.txt',r, encoding='cp950')  #開啟檔案
for line in obj:
    print(line)
obj.close()
```

執行結果：

嘤燃TF-8蝠函Ⅳ皜祈岫

必須將encoding='cp950'修正成encoding=' UTF-8'，就可以正常顯示檔案內容，請看修改後的程式內容：（encode_okpy）

```
obj=open('test_encode.txt','r', encoding='UTF-8')  #開啟檔案
for line in obj:
    print(line)
obj.close()
```

執行結果：

UTF-8編碼測試

8-1-8 常見檔案處理方法

前面清楚介紹了如何寫入檔案及讀取檔案，事實上處理檔案的方法還不只這些，下表摘記檔案常見的處理方法：

方法	功能說明
read()	以不指定字元的方式讀取檔案
read(n)	從檔案指標讀取指定個數的字元
readline()	可以整行讀取
readlines()	會讀取所有行再以串列回傳所有行
seek(offset)	程式設計人員想要自行透過指令移動將檔案指標移動到第offset+1個位元組，例如seek(0)表示將檔案指標移動到檔案開頭
flush()	強制將緩衝區資料寫入檔案，並清空緩衝區
close()	關閉檔案
next()	移動到下一列
tell()	傳回目前文件的指標位置
write(str)	將指定參數的字串寫入檔案

當檔案建立之後，就可以使用read()、readline()或readlines()方法來讀取檔案，前面已介紹read()方法來讀取檔案，其實read()方法還可以指定參數，接著我們就來看read(n)、readline()及readlines()三種方法的使用方式：

■ read(n)方法

我們也可以在read()方法中傳入一個參數來告知要讀取幾個字元。請看下例：

【範例：**readn.py**】read(n)方法實作

```
01 file1=open("phrase.txt","r")
02 text=file1.read(1) #以read()方法讀取檔案
03 print(text)
04 text=file1.read(3) #以read()方法讀取檔案
```

```
05 print(text)
06 text=file1.read(2) #以read()方法讀取檔案
07 print(text)
08 text=file1.read(2) #以read()方法讀取檔案
09 print(text)
10 file1.close()
```

【執行結果】

五
福臨門

十
全十

■ readline()方法

　　read()方法是一次讀取一個字元，但是readline()方法可以整行讀取，並將整行的資料內容以字串的方式回傳，如果所傳回的是空字串，就表示已讀取到檔案的結尾。以下程式碼則是以realline()方法，以一次一次讀取的方式，將檔案內容逐筆輸出。

【範例：**readline.py**】readline()方法實作

```
01 file1=open("phrase.txt ","r")
02 line= file1.readline()
03 while line != ":
04     print(line,end=")
05     line= file1.readline()
06 file1.close()
```

【執行結果】

```
五福臨門
十全十美
```

■ readlines()方法

readlines()方法會一次讀取檔案所有行，再以串列（list）的形式傳回所有行，請參考以下的範例：

【範例：**readlines.py**】readlines()方法實作

```
01 with open("phrase.txt","r") as file1:
02     txt = file1.readlines()#一次讀取所有行
03     for line in txt: #以for迴圈讀取
04         print(line, end = '')
```

【執行結果】

```
五福臨門
十全十美
```

8-1-9 二進位檔案處理

電腦上的資料並非只有文字類型，常見的資料格式還有圖片、音樂，或者經過編譯的EXE檔案等，這些資料無法以文字類型的方式來處理，就必須以其他的資料格式來處理。如果要新建二進位檔案，就是把open()方法的mode參數加入「b」，而且是二進位，否則會引發錯誤，並用內建函式bytearray()取得二進位資料。

【範例：**binary.py**】二進位資料實作

```
01  tmp = bytearray(range(8))
02  #二進位資料的寫入
03  with open('bytedata', 'wb') as fob:
04      fob.write(tmp)
05  #二進位資料的讀取
06  with open('bytedata', 'rb') as fob:
07      fob.read(3)
08      print(type(tmp))
09      print('二進位：', tmp)
```

【執行結果】

```
<class 'bytearray'>
二進位： bytearray(b'\x00\x01\x02\x03\x04\x05\x06\x07')
```

【程式碼解析】

● 第03～04行：open()方法建立二進位新檔，mode設「wb」，以write()方法寫入二進位資料。

● 第06～09行：進行二進位資料的讀取，並將所讀取的資料進行輸出。

8-2 例外處理研究

在撰寫程式過程中可能因為語法不熟悉、指令誤用或設計邏輯有誤而造成例外（或稱異常）（exception），碰到這些情況就會造成程式終止。但Python允許我們捕捉例外的錯誤類型，並允許自行撰寫例外處理程序，當例外被捕捉時就會去執行例外處理程序，接著程式仍可正常繼續執行。本章中將會開始跟各位討論Python程式設計時的錯誤種類與例外處理的功能。

8-2-1 認識例外情況

例外是指程式執行時，產生了「不可預期」的特殊情形，這時Python直譯器會接手管理，發出錯誤訊息，並將程式終止。也就是說，一支好的程式必須考慮到可能發生的例外，並攔截下來加以適當的處理。

例如進行兩數相除時，第二個數字不可以為0，如果沒有編寫例外處理的程式碼，當第二個數字不小心輸入0，就會發生除零的錯誤訊息，並造成程式的中斷，這當然不是一種好的處理方式。下面就先從發生除零錯誤的例子開始談起：

【範例：**zero.py**】除零錯誤

```
01 a=int(input('請輸入被除數:'))
02 b=int(input('請輸入除數:'))
03 print(a/b)
```

【正確執行結果】

```
請輸入被除數:8
請輸入除數:2
4.0
```

【發生例外的執行結果】

```
    print(a/b)
ZeroDivisionError: division by zero
```

從上面的例子可以看出，當程式發生例外時，程式就會出現紅色字體的錯誤訊息，並強迫程式終止執行。

8-2-2 try…except…finally語法格式

在Python中要捕捉例外及設計例外處理程序必須使用try…except指令，其語法格式如下：

```
try:
    可能發生例外的指令
except 例外型別名: #只處理所列示的例外
    處理狀況一
except (例外型別名1, 例外型別名2, ...):
    處理狀況二
except 例外型別名 as 名稱:
    處理狀況三
except : #處理所有例外情形
    處理狀況四
else :
    #未發生例外的處理
finally :
    #無論如何，最後一定執行finally指令
```

- try指令後要有冒號「:」來形成程式區塊，並在此加入引發例外的指令。
- except指令配合「例外型別」，用來截取或捕捉try指令區段內引發例外的處理。同樣地，except指令之後要給予冒號「:」形成程式區塊。
- else指令則是未發生例外時所對應的區段。else指令為選擇性指令，可以加入也可以省略。
- 無論有無例外引發，finally指令所形成的區段一定會被執行。finally指令為選擇性指令，可以加入也可以省略。

8-2-3 try...except...finally實例演練

以前面談到的除零錯誤為例，一旦不小心在第二個數字輸入到0，就會捕捉到這個錯誤，當捕捉到除零錯誤會產生的例外類型為「ZeroDivisionError」時，然後要求輸入為何錯誤訊息。下例就是在上述發生除零錯誤程式中加入例外處理機制：

【範例：**zerorev.py**】加入例外機制的除零錯誤程式

```
01 def check(a,b):
02     try:
03         return a/b
04     except ZeroDivisionError: #除數為0的處理程序
05         print('除數不可為0')
06
07 a=int(input('請輸入被除數:'))
08 b=int(input('請輸入除數:'))
09 print(check(a,b))
```

【執行結果】

（正確）

```
請輸入被除數:8
請輸入除數:2
4.0
```

（捕捉到例外的執行結果）

```
請輸入被除數:8
請輸入除數:0
除數不可為0
None
```

從上述執行結果來看，當出現例外時，出現的錯誤訊息就可以依自己所要求的內容輸出，而且不會發生程式中斷的情況。

8-2-4 try...except指定例外類型

如果希望捕捉的例外類型能更精確，除了前面舉的除零錯誤外，以下為幾種常見的例外類型：

例外類型	說明
FileNotFoundError	找不到檔案的錯誤
NameError	指名稱沒有定義的錯誤
ZeroDivisionError	除零錯誤
ValueError	使用內建函數時，參數中的型別正確，但值不正確，就引發此例外
TypeError	型別不符錯誤
MemoryError	記憶體不足的錯誤

下面例子要求使用者輸入總業績和有多少位業務人員，然後計算全體業務同仁平均銷售業績。為了避免錯誤輸入行為，可以根據不同的例外類型，加入例外處理程序。

【範例：except.py】在計算平均值的程式中加入例外處理

```
01 try:
02     money=int(input("請輸入總業績: "))
03     no=int(input("請輸入有多少位業務人員: "))
04     average_sales=money/no
05 except ZeroDivisionError:
06     print("人數不可以為0")
07 except Exception as e1:
08     print("錯誤訊息",e1.args)
```

```
09 else:
10      print("全體業務同仁平均業績= ", average_sales)
11 finally:
12      print("最後一定要執行的程式區塊")
```

【執行結果】

（沒有發生例外的執行結果）

```
請輸入總業績: 200000
請輸入有多少位業務人員: 5
全體業務同仁平均業績=   40000.0
最後一定要執行的程式區塊
```

（捕捉到除零錯誤的例外）

```
請輸入總業績: 200000
請輸入有多少位業務人員: 0
人數不可以為0
最後一定要執行的程式區塊
```

（捕捉到例外的錯誤訊息）

```
請輸入總業績: 200000
請輸入有多少位業務人員: p
錯誤訊息 ("invalid literal for int() with base 10: 'p'",)
最後一定要執行的程式區塊
```

【程式碼解析】

● 第5～6行：程式中使用了except指令來捕捉除零錯誤的例外。

● 第7～8行：如果程式捕捉到其它例外，則輸出此例外的相關訊息。

● 第9～10行：沒有發生例外時，則會直接執行else指令內的程式區塊。

- 第11～12行：無論有無發生例外，當要離開try...except時，都會執行 finally區塊內程式碼。

接下來只示範如何進行檔案的複製，這支程式中將會應用到兩個特殊的方法，其中os.path.isfile()是用來判斷檔案是否存在，如果存在回傳True，如果不存在則回傳False。另外一個方法是sys.exit()方法，其主要功能是終止程式，使用這兩種方法必須先將os.path及sys模組匯入，完整的程式碼如下：

【範例：**copyfile.py**】檔案的複製

```
01 import os.path #匯入os.path
02 import sys #匯入sys
03
04 if os.path.isfile('phrase_new.txt'): #如果檔案存在則取消複製
05     print('此檔案已存在,不要複製')
06     sys.exit()
07 else:
08     file1=open('phrase.txt','r')#讀取模式
09     file2=open('phrase_new.txt','w')#寫入模式
10     text=file1.read() #以逐字元的方式讀取檔案
11     text=file2.write(text) #寫入檔案
12     print('檔案複製成功')
13     file1.close()
14     file2.close()
```

【執行結果】

```
檔案複製成功
```

（原始檔案內容：phrase.txt）

（新的複製檔案內容：phrase_new.txt）

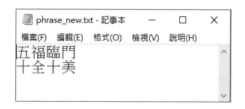

8-3 上機綜合練習

1. 請撰寫一個Python程式，該程式功能可以在所在位置的上一層目錄下建立一個名稱為resume.txt的文字檔案，其內容如下圖所示：

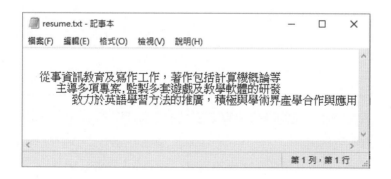

解答：openfile1.py

本章課後習題

一、填充題

1. 所謂 _____ 是以二進位格式儲存，這種儲存方式適用於非字元為主的資料。

2. _____ 是一種儲存和組織電腦資料的方法。

3. 利用 open() 函式開啟檔案之後，得藉由 _____ 做讀（read）或寫（write）的動作。

4. 可以在絕對路徑前面加 _____，用以告知編譯器系統底下所用路徑的字串是原始字串。

5. _____ 方法可以整行讀取，並將整行的資料內容以字串的方式回傳。

6. 要新建二進位檔案，就是把 open() 方法的 mode 參數加入 _____，而且是二進位，否則會引發錯誤。

二、問答與實作題

1. 請寫出下表的例外類型名稱？

例外類型	說明
	找不到檔案的錯誤
	除零錯誤
	型別不符錯誤

2. Python 在處理檔案的讀取與寫入都是透過檔案物件（file object），請問他的角色為何？

3. 請摘要說明 open() 函數語法使用方式。

4. 請填入下表中open()函數的檔案開啓模式。

mode	說明
	讀取模式（預設值）
	寫入模式，建立新檔或覆蓋舊檔（覆蓋舊有資料）
	附加（寫入）模式，建立新檔或附加於舊檔尾端
	二進位模式

5. 寫入檔案時會從「檔案指標」開始寫入，請問它的主要功能爲何？

6. 試舉例說明如何用絕對路徑來告知open()函數的檔案開啓路徑？

7. 使用open()開啓檔案後，最後必須用close()關閉檔案，如果開啓很多檔案就要一一用close()關閉檔案，請問有沒有較佳的改進方式，可以讓系統自動關閉檔案。

8. 在使用open()函數開啓檔案時，其中有一個參數是設計檔案編碼，請問如果文件設定的編碼與open()函數檔案讀取指定的編碼不同時，會發生什麼問題嗎？

9. 請簡述下列檔案處理方法的功能說明。

方法	功能說明
read(n)	
readlines()	
flush()	
tell()	
write(str)	

10. 何謂例外？試簡述之。

11. 檔案如果依儲存方式來分類可以分爲哪幾種類型？

12. 絕對路徑與相對路徑的差別，試簡述之。

13. 請簡述檔案讀取的步驟。

第九章

物件導向程式設計

在Python世界裡所有東西都是物件，物件導向的觀念已經倡導多年，最早的雛形早在西元1960年的Simula語言，它導入和「物件」（object）有關的概念。一直到二十世紀七〇年代的Smalltalk語言的出現，它除了匯集Simula的特性之外，也引入「訊息」（message）、第一個物件導向的程式語言才算真正的誕生。物件導向程式設計（Object-Oriented Programming, OOP）的重點是強調軟體的可讀性（readability）、重覆使用性（reusability）與延伸性（extension），本章將會開始跟各位討論Python的物件導向程式設計的主題

9-1 物件導向程式設計與Python

物件導向程式設計（Object-Oriented Programming, OOP）的主要精神就是將存在於日常生活中舉目所見的物件（object）概念，應用在軟體設計的發展模式（software development model）。也就是說，OOP讓各位從事程式設計時，能以一種更生活化、可讀性更高的設計觀念來進行，並且所開發出來的程式也較容易擴充、修改及維護。

設計藍圖

類別與物件的關係

現實生活中充滿了各種形形色色的物體,每個物體都可視爲一種物件。我們可以透過物件的外部行爲(behavior)運作及內部狀態(state)模式,來進行詳細地描述。行爲代表此物件對外所顯示出來的運作方法,狀態則代表物件內部各種特徵的目前狀況。如下圖所示與相關介紹:

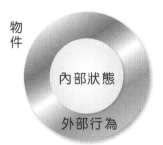

物件導向程式設計模式必須具備三種特性,分別是封裝(encapsulation)、繼承(inheritance)與多型(polymorphism)。

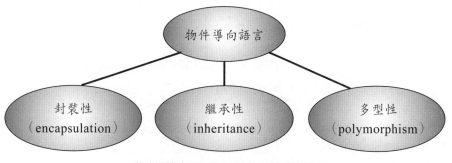

物件導向程式設計的三種特性

　　封裝是利用「類別」來實作「抽象化資料型態」（ADT），包含一個資訊隱藏（information hiding）的重要觀念，就像許多人都不了解機車的內部構造等資訊，但卻能夠透過機車提供的加油門和煞車等介面方法，輕而易舉的操作機車。

　　「繼承」則是類似現實生活中的遺傳，允許我們去定義一個新的類別來繼承既存的類別（class），進而使用或修改繼承而來的方法（method），並可在子類別中加入新的資料成員與函數成員。

　　所謂的多型，按照英文字面解釋，就是一樣東西同時具有多種不同的型態，也稱為「同名異式」（polymorphism）。多型的功能可使該軟體在發展和維護時，達到充分的延伸性，最直接的定義就是具有繼承關係的不同類別物件，可以對相同名稱的成員函數呼叫，並產生不同的反應結果。如下圖同樣是計算長方形及圓形的面積與周長，就必須先定義長方形以及圓形的類別，當程式要畫出長方形時，主程式便可以根據此類別規格產生物件，如下圖所示：

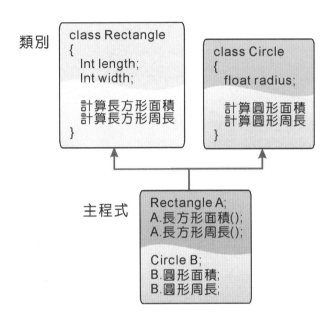

- 物件（object）：可以是抽象的概念或是一個具體的東西，包括「資料」（data）以及其所相應的「運算」（operations或稱methods），它具有狀態（state）、行為（behavior）與識別（identity）。每一個物件均有其相應的屬性（attributes）及屬性值（attribute values）。例如有一個物件稱為學生，「開學」是一個訊息，可傳送給這個物件。而學生有學號、姓名、出生年月日、住址、電話等屬性，目前的屬性值便是其狀態。學生物件的運算行為則有註冊、選修、轉系、畢業等，學號則是學生物件的唯一識別編號（Object Identity, OID）。

- 類別（class）：是具有相同結構及行為的物件集合，是許多物件共同特徵的描述或物件的抽象化。例如小明與小華都屬於人這個類別，他們都有出生年月日、血型、身高、體重等類別屬性。類別中的一個物件有時就稱為該類別的一個實例（instance）。

- 屬性（attribute）：「屬性」是用來描述物件的基本特徵與其所屬的性質，例如一個人的屬性可能會包括姓名、住址、年齡、出生年月日等。

● 方法（method）：「方法」則是物件導向設計系統裡物件的動作與行
　　為，我們在此以人為例，不同的職業，其工作內容也會有所不同，例如
　　學生的主要工作為讀書，而老師的主要工作則為教書。

9-1-1 定義類別與物件

　　Python中用來宣告類別型態的關鍵字是「class」，至於「類別名稱」
則可由使用者自行設定，但也必須符合Python的識別字命名規則。程式
設計師可以在類別中定義多種資料型態，這些資料稱為資料成員（data
member），也稱為屬性（attribute）；處理資料變數的函數稱為成員函數
（member function），也稱為方法（method），雖然和一般之前定義函
數的方法一樣，但是在類別中必須稱為方法，因為程式中可以隨時使用函
數，但是只有屬於該類別的物件才可以調用相關的方法。

類別與物件的關係

　　Python的類別使用之前要進行宣告，語法如下：

```
class 類別名稱():
    # 定義相關屬性與敘述
    # 定義方法
```

　　上述語法中的class是建立類別的關鍵字，但必須配合冒號「:」，類別內的敘述必須以class為基礎向右縮排，表示這些敘述屬於同一區塊，在定義類別的過程中可以加入屬性和方法（method）。而類別名稱同樣必須遵守識別字的命名規範，定義方法時，必須和自定函數一樣，要使用def敘述，不過在類別中定義方法的第一個參數必須加上self敘述，如果未加self敘述，當以物件呼叫此方法時會發生TypeError。self敘述它代表建立類別後實體化的物件。這是Python物件導向程式設計中一個相當重要的特性，這項特性和其它程式語言是有所不同的。如下所示，每一個定義方法的第一個參數必須加入self，此參數的意義表示代表自己：

```
def setInfo(self, title, price):
    self.title = title
    self.price = price
```

　　接下來的例子就是最基本的類別觀念，我們示範如何定義包含兩個方法的Book類別：

```
class Book:
    #定義方法一：取得書籍名稱和價格
    def setInfo(self, title, price):
        self.title = title
        self.price = price
```

```
#定義方法二：輸出書籍名稱和價格
def showInfo(self):
    print('書籍名稱:{0:6s}, 價格:{1:4s}元'.format(
        self.title, self.price))
```

9-1-2 類別實體化─建立物件

　　類別就像提供實作物件的模型，如同蓋房屋之前的規劃藍圖，也可以形容是一種資料型態，但沒有實體。產生類別之後，還要具體化物件，稱為「實體化」（instantiation），經由實體化後的物件，才可以透過該類別實作出該物件應有的功能。例如進一步存取類別裡所定義的屬性和方法，語法如下：

```
物件 = 類別名稱(引數串列)
物件.屬性
物件.方法()
```

　　我們來利用上節所產生的類別，並透過該類別實作出兩個不同的物件，再進一步透過物件存取類別裡所定義的屬性和方法，相關程式碼如下：

【範例：**book.py**】以實體化物件存取類別的屬性和方法

```
01 class Book:
02     #定義方法一：取得書籍名稱和價格
03     def setInfo(self, title, price):
04         self.title = title
05         self.price = price
06     #定義方法二：輸出書籍名稱和價格
07     def showInfo(self):
```

```
08          print('書籍名稱:{0:6s}, 價格:{1:4s}元'.format(
09              self.title, self.price))
10 # 產生物件
11 book1=Book()#物件1
12 book1.setInfo('Python一週速成', '360')
13 book1.showInfo() #呼叫方法
14 book2=Book()#物件2
15 book2.setInfo('網路行銷與社群行銷', '520')
16 book2.showInfo()
```

【執行結果】

```
書籍名稱:Python一週速成, 價格:360 元
書籍名稱:網路行銷與社群行銷, 價格:520 元
```

【程式碼解析】

● 第1~9行：建立Book類別，定義了兩個方法。

● 第3~5行：定義第一個方法，用來取得物件的屬性，此處用來取得書籍名稱和價格，跟定義函式相同，要使用def敘述為開頭。

● 第4、5行：將傳入的參數透過self敘述來作為物件的屬性。

● 第7~9行：定義第二個方法，用它來輸出書籍名稱和價格。

● 第11~13行：產生book1物件並呼叫其方法。

● 第14~16行：產生book2物件並呼叫其方法。

我們再來看另外一個簡單的範例，來說明在Python程式語言中定義類別的用法。

【範例程式：define_class.py】定義類別

```
01 class Student:
02     #定義方法一：取得姓名和年齡
```

CHAPTER

9

```
03      def setData(self, name, age):
04          self.name = name
05          self.age = age
06      #定義方法二：輸出姓名和年齡
07      def printData(self):
08          print('姓名:{0:6s}, 年齡:{1:4s}'.format(
09              self.name, self.age))
10 # 產生物件
11 boy1=Student()#物件1
12 boy1.setData('陳大友', '25')
13 boy1.printData() #呼叫方法
14 boy2=Student()#物件2
15 boy2.setData('蘇小雅', '31')
16 boy2.printData()
```

【執行結果】

```
姓名:陳大友      , 年齡:25
姓名:蘇小雅      , 年齡:31
```

【程式碼解析】

- 第1～9行：建立Student 類別，定義了兩個方法。
- 第3～5行：定義第一個方法，用來取得物件的屬性。跟定義函式相同，要使用def敘述為開頭；方法中的第一個參數必須加上self敘述，它類似其他程式語言的this。如果未加self敘述，則以物件呼叫此方法時會發生TypeError。
- 第4、5行：將傳入的參數透過self敘述來作為物件的屬性。
- 第7～9行：定義第二個方法，用它來輸出物件的相關屬性。
- 第11～13行：產生boy1物件並呼叫其方法。
- 第14～16行：產生boy2物件並呼叫其方法。

此外，前述範例還使用一個特別的字self（此處以self敘述來稱呼它）。通常name和age只是變數，它們定義於方法內，屬於區域變數，離開此適用範圍（scope）就結束了生命週期。由於self不做任何引數的傳遞，但藉由self敘述的加入，它們成了物件變數，能讓方法之外的物件來存取。

```
def setData(self, name, age):
    self.name = name
    self.age = age
```

9-1-3 物件初始化__init__()方法

__init__()方法是類似其他語言中的建構子（constructor），可以做為物件初始化的工作，也就是如果在宣告物件後，希望能指定物件中資料成員的初始值，可以使用__init__()方法來宣告。

這個方法的第一個參數是self，是被用來指向剛建立的物件本身。每個類別至少都有一個__init__()方法，當宣告類別時，如果各位沒有定義__init__()方法，則Python會自動提供一個沒有任何程式敘述及參數的預設__init__()方法。但比較好的作法是在建立物件時，就透過__init__()方法為該物件設定相關屬性的初始值。

至於如何利用透過__init__()方法為物件設定初值，可以參考底下例子的語法範例：

```
class Wage:
    def __init__(self, fee=200, hour=80):
        self.fee=fee
        self.hour=hour
```

　　以下例子將為各位說明如何透過__init__()方法為物件設定初值：

【範例程式：**init.py**】透過__init__()方法為物件設定初值

```
01 class Wage:
02    def __init__(self, fee=200, hour=80):
03       self.fee=fee
04       self.hour=hour
05
06    def getArea(self):
07       return self.fee* self.hour
08
09 tom=Wage()
10 print("透過init()方法預設值的總薪資: ",tom.getArea(),"元")
11
12 jane= Wage(250,100)
13 print("透過init()方法傳入參數的總薪資: ",jane.getArea(),"元")
```

【執行結果】

```
透過init()方法預設值的總薪資:  16000 元
透過init()方法傳入參數的總薪資:  25000 元
```

【程式碼解析】

- 第2～4行：建立定義一個init()方法，並設定預設值。但是如果有傳入參數，透過__init__()方法將fee與hour以所傳入的參數設定初值，就可以達到為物件設定初值的目的。

- 第9行：實體化Wage類別產生的實體物件名稱為tom，此例在建構此物件時沒有傳入任何參數，因此在設定初級值時，會直接採用init()方法的參數預設值，即fee=200, hour=80。

- 第10行：傳回總薪資，此處的時薪及工作時數分別為fee=200，hour=80，經計算後總薪資為16000元。

- 第12行：實體化Wage類別產生的實體物件名稱爲jane，此例在建構此物件時會傳入兩個參數，因此在設定初級值，會將fee與hour以所傳入的參數設定初值，即fee=250, hour=100。
- 第13行：傳回總薪資，此處的時薪及工作時數分別爲fee=200, hour=80，經計算後總薪資爲25000元。

9-1-4 匿名物件

通常宣告類別後，會將類別實體化爲物件，並將物件指派給變數，再透過這個變數來存取物件。在Python中有一項重要特性，那就是每個東西都是物件，所以寫程式時，也可以在不需要將物件指派給變數的情況下去使用物件，這就是一種稱爲匿名物件（anonymous object）的程式設計技巧。以下程式將改寫上一個範例，直接以匿名物件的方式去存取物件，就不用像上一個例子，還要先將物件指派給一個變數，再透過變數來存取該物件。

【範例：**anonymous.py**】匿名物件實作

```
01 class Rectangle:
02     def __init__(self, length=10, width=5):
03         self.length=length
04         self.width=width
05
06     def getArea(self):
07         return self.length* self.width
08
09 print("透過init()方法預設值的面積: ",Rectangle().getArea())
10
11 print("透過init()方法傳入參數的面積: ",Rectangle(125,6).getArea())
```

【執行結果】

```
透過init()方法預設值的面積：  50
透過init()方法傳入參數的面積：  750
```

【程式碼解析】

● 第09行：直接以匿名物件的方式去存取物件，此處是求取init()方法預設值的面積。

● 第11行：直接以匿名物件的方式去存取物件，透過init()方法傳入參數的面積。

9-1-5 私有屬性與方法

　　之前介紹的例子中，類別外部的指令可以直接存取類別內部的資料，是表示在此區塊中的屬性及方法都是公用（public）的，外部程式可以呼叫或存取此區塊的方法或資料成員，但是這種作法的風險，容易造成內部資料被不當修改。

　　比較適當的作法是讓物件內的資料只能由物件本身的方法來存取，其他物件內方法不可以直接存取資料，這樣的功能稱為「資訊隱藏」（information hiding），表示在此區塊中的屬性與方法是私有（private）的。當類別外部想要存取這些私有的屬性資料時，並不能直接由類別外部進行存取，必須透過該類別所提供的公用方法。在Python想要指定屬性或方法為私有的，只要在該屬性名稱前面加上兩個下底線「__」，就代表該屬性名稱為私有屬性。

> **Tips**
>
> 　　請特別注意，在名稱後方不能有下底線，例如 __age 是私有屬性，但是 __age__ 就不是私有屬性。至於類別的方法成員如果要設定為私有，只要在方法名稱前加上兩個下底線 __。一旦被宣告為私有方法後，該方法只能被類別內部的敘述呼叫，在類別外部不能直接呼叫該私有方法。

　　例如以下為私有屬性的應用例子，其中 __hour 是私有屬性，當類別外部想要存取 __hour 私有屬性的資料時，並不能夠直接由類別外部進行存取，必須透過該類別所提供的 getHour() 公用方法。

【範例：**private.py**】私有屬性的應用例子

```
01 class Wage:
02     def __init__(self, h=80):
03         self.__hour=h
04
05     def getHour(self):
06         return self.__hour
07
08     def pay(self):
09         return hour_fee*self.__hour
10 hour_fee=200
11 obj1=Wage(100)
12 print("每小時基本工資為:",hour_fee,"元")
13 print("總共工作的小時數:", obj1.getHour())
14 print("要付給這位工讀生的薪水總額:", obj1.pay(),"元")
```

【執行結果】

```
每小時基本工資為：200 元
總共工作的小時數：100
要付給這位工讀生的薪水總額：20000 元
```

【程式碼解析】

● 第2～3行：建立定義一個init()方法，並設定預設值。此處設定的變數名稱加上兩個下底線__表示這個屬性是一個私有屬性。

從上面的執行結果中，各位可以看出由於__hour是一個私有屬性，所以類別外部的指令無法直接存取該私有屬性，必須透過類別碼中的getHour()方法，才能取得工作的小時數。如果各位試圖將上述程式碼中的第13行，改寫成直接存取私有屬性__hour，如以下的程式碼，執行時就會找不到該屬性成員的錯誤，請參考以下範例的執行結果圖：

【範例：private_error.py】 私有屬性的應用例子

```
01 class Wage:
02     def __init__(self, h=80):
03         self.__hour=h
04
05     def getHour(self):
06         return self.__hour
07
08     def pay(self):
09         return hour_fee*self.__hour
10 hour_fee=200
11 obj1=Wage(100)
12 print("每小時基本工資為:",hour_fee,"元")
13 print("總共工作的小時數:", obj1.__hour)
14 print("要付給這位工讀生的薪水總額:", obj1.pay(),"元")
```

【執行結果】

```
每小時基本工資為: 200 元
Traceback (most recent call last):
  File "D:\進行中書籍\五南\五南_Python(大專版)\範例檔\ex09ok\private_error.py",
line 13, in <module>
    print("總共工作的小時數:", obj1.__hour)
AttributeError: 'Wage' object has no attribute '__hour'
```

9-2 繼承

　　前面提過，基本上繼承就類似遺傳的觀念，例如父母親生下子女，如果沒有例外情況，子女則一定會遺傳到父母的某些特徵。當物件導向技術以這種生活實例去定義其功能時，就稱為繼承（inheritance）。繼承乃是物件導向程式設計的重要觀念之一。我們可以從既有的類別上衍生出新的類別。當我們建立類別之後，因為類別是可以繼承的，如果程式的需求僅修改或刪除某項功能時，此時不需要將該類別的成員資料及成員函數重新寫過，只需要「繼承」原先已定義好的類別就可以產生新的類別了。所謂的繼承是指將現有類別的屬性和行為，經過修改或覆載（override）之後，就可產生出擁有新功能的類別，這樣功用可以大幅提升程式碼的可再用性（reusability）。

　　事實上，繼承除了可重複利用之前所開發過的類別之外，最大的好處在於維持物件封裝的特性，因為繼承時不容易改變已經設計完整的類別，這樣可以減少繼承時在類別設計上的錯誤發生。

9-2-1 單一繼承與定義子類別

　　在Python中，在繼承之前原先已建立好的類別稱為基礎類別（base class），而經由繼承所產生的新類別就稱為衍生類別（derived class）。類別之間如果要有繼承（inheritance）的關係，必須先建立好基礎

類別，也就是父類別（superclass），然後衍生類別，也就是子類別
（subclass）。其相互間的關係如下圖所示：

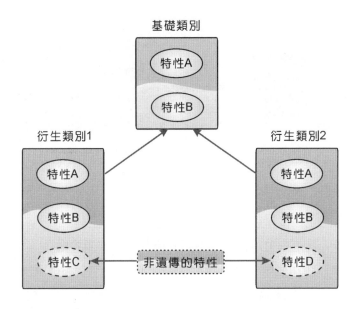

從另外一個思考角來看，我們可以把繼承單純地視為一種複製
（copy）的動作。換句話說，當開發人員以繼承機制宣告新類別時，會先
將所參照的原始類別內所有成員，完整地寫入新增類別之中，如同下面類
別繼承關係圖所示：

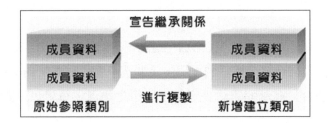

在新增類別內完整地包含了原始參照類別的所有類別成員，使用者可
直接於新增類別中，針對這些成員進行呼叫或存取動作。當然除了原始類

別的各個成員外，也可以在新增類別中依需求來新增必要的資料與方法，如下圖所示：

簡單來說，繼承有兩項優點：

● 提高軟體的重複使用性

● 程式設計人員可以善用繼承標準函式庫及第三方函式庫

所謂單一類別繼承，即為衍生類別「直接」（direct）繼承「單獨」（only one）一個基礎類別的成員資料與成員函數，單一繼承（single inheritance）是指衍生類別只繼承一個基礎類別。在Python中要使用繼承機制定義子類別的語法格式如下：

```
class ChildClass(ParentClass):
    指令敘述
```

如果子類別只繼承單一父類別，這是單一繼承的語法格式。

首先我們來看單一繼承的實例，這個例子會先定義MobilePhone基礎類別，接著會以繼承的語法去定義HTC衍生類別，請看以下的程式碼說明：

【範例：**single.py**】單一繼承

```
01 class MobilePhone: #基礎類別
02     def touch(self):
03         print('我能提供螢幕觸控操作的功能')
04
05 class HTC(MobilePhone): #衍生類別
06     pass
07
08 #產生子類別實體
09 u11 = HTC()
10 u11.touch()
```

【執行結果】

我能提供螢幕觸控操作的功能

【程式碼解析】

● 第01～03行：定義MobilePhone基礎類別。

● 第05～06行：定義HTC衍生類別。

● 第09行：產生u11子類別的實體物件。

● 第10行：giant物件呼叫繼承自MobilePhone基礎類別的touch()方法。

　　接下來我們再看單一繼承的實例，例子會先定義Vehicle基礎類別，接著會以繼承的語法格式去定義Bike衍生類別，請看以下的程式碼說明：

【範例：**single.py**】單一繼承

```
01 #類別的繼承
02
03 class Vehicle: #基礎類別
04     def move(self):
```

```
05          print('我是可以移動的交動工具')
06
07 class Bike(Vehicle): #衍生類別
08     pass
09
10 #產生子類別實體
11 giant = Bike()
12 giant.move()
```

【執行結果】

我是可以移動的交動工具

【程式碼解析】

● 第03～05行：定義Vehicle基礎類別。

● 第07～08行：定義Bike衍生類別。

● 第11行：產生giant子類別實體。

● 第12行：giant子類別實體呼叫繼承自Vehicle基礎類別的move()方法。

　　其實子類別還可以擴展父類別的方法而不是照單全收該方法的功能，我們可以將上例修改如以下範例程式，這個範例中除了呼叫原來父類別的方法，並依自己的需求擴展了子類別的方法的功能：

【範例：single1.py】在子類別中擴展父類別的方法

```
01 class MobilePhone: #基礎類別
02     def touch(self):
03         print('我能提供螢幕觸控操作的功能')
04
```

```
05 class HTC(MobilePhone): #衍生類別
06    def touch(self):
07        MobilePhone.touch(self)
08        print('我也能提供多點觸控的操作方式')
09
10 #產生子類別實體
11 u11 = HTC()
12 u11.touch()
```

【執行結果】

```
我能提供螢幕觸控操作的功能
我也能提供多點觸控的操作方式
```

【程式碼解析】

- 第01～03行：定義MobilePhone基礎類別。
- 第05～08行：定義HTC衍生類別，但在這個衍生類別中擴展父類別的touch()方法。
- 第11行：產生u11子類別實體。
- 第12行：u11子類別實體呼叫繼承自MobilePhone基礎類別的touch()方法。

9-2-2 以super()函數呼叫父類別的方法

　　如果子類別要呼叫父類別所定義的方法需使用內建函式super()來協助，接下來我們舉一個例子來幫助各位了解這個觀念。

【範例：**super1.py**】在子類別呼叫父類別方法

```
01 #在子類別呼叫父類別方法─使用super()函式
02
03 class Weekday(): #父類別
04     def display(self, pay):
05         self.price=pay
06         print('歡迎來購物')
07         print('購買總金額{:,}'.format(self.price))
08
09 class Holiday(Weekday): #子類別
10     def display(self, pay): #覆寫display方法
11         super().display(pay)
12         if self.price >= 15000:
13             self.price *= 0.8
14         else:
15             self.price
16         print('8折 {:,}'.format(self.price))
17
18 monday = Weekday()#父類別物件
19 monday.display(25000)
20
21 Christmas = Holiday()#子類別物件
22 Christmas.display(18000)
```

【執行結果】

```
歡迎來購物
購買總金額25,000
歡迎來購物
購買總金額18,000
8折 14,400.0
```

【程式碼解析】

● 第03～07行：定義Weekday父類別。

● 第09～16行：定義Holiday的子類別。其中第11行的super()方法表示在子類別中呼叫父類別的方法。

● 第18～19行：實體化父類別的物件，接著以此物件呼叫類別中的display()方法。

● 第21～22行：實體化子類別物件的物件，接著以此物件呼叫類別中的display()方法。

呼叫super()函式來獲取父類別的方法，對於子類別來說，即使在__init__()方法內同樣適用，如下以一個簡例說明。

【範例：**super2.py**】呼叫父類別的__init__()方法

```
01 #__init__()方法呼叫super()
02
03 class Animal():#父類別
04     def __init__(self):
05         print('我屬於動物類別')
06
07 class Human(Animal): #子類別
08     def __init__(self, name):
09         super().__init__()
10         print('我也屬於人類類別')
11
12 man = Human('黃種人')#子類別實體
```

【執行結果】

```
我屬於動物類別
我也屬於人類類別
```

【程式碼解析】

- 第03～05行：定義Animal父類別。
- 第07～10行：定義Human子類別。在第9行以super()方法呼叫父類別的init()方法來進行初始化的部分工作內容。
- 第12行：實體化子類別物件的物件。

9-2-3 取得兄弟類別的屬性

假設有一個父類別Tom，它有兩個子類別Andy和Michael，Andy和Michael這兩個類別稱為兄弟類別。如果Andy類別想取得Michael兄弟類別的height屬性，可以使用下列語法：

Michael().height #Andy取得Michael的height屬性

以下的例子將設計三個類別，並示範如何取得兄弟類別的屬性。

【範例程式：**brother.py**】取得兄弟類別的屬性

```
01  class Tom():#父類別
02      def __init__(self):
03          self.height1=178
04
05  class Andy(Tom):#父類別是Tom
06      def __init__(self):
07          self.height2=180
08          super().__init__()
09
10  class Michael(Tom):#父類別是Tom
11      def __init__(self):
12          self.height3=185
```

CHAPTER

9

```
13          super().__init__()
14      def display(self):
15          print('父親Tom的身高:', self.height1,'公分')
16          print('兄弟Andy的身高:', Andy().height2,'公分')
17          print('自己Michael的身高:', m1.height3,'公分')
18
19  m1=Michael()
20  m1.display()
```

【執行結果】

```
父親Tom的身高: 178 公分
兄弟Andy的身高: 180 公分
自己Michael的身高: 185 公分
```

【程式碼解析】

● 第01～03行：定義Tom父類別。

● 第05～08行：定義Andy子類別。

● 第10～17行：定義Michael子類別，其中第16行的Andy().height2就是
  在Michael類別中呼叫其兄弟類別Andy屬性的指令語法。

● 第19行：實體化Michael類別的物件m1。

● 第20行：呼叫Michael類別的display()方法。

9-2-4 多重繼承與定義子類別

　　如果衍生類別只有一個的基礎類別時稱為「單一繼承」（single inheritance）；當基礎類別有二個以上時就稱作「多重繼承」，我們以逗點「,」分隔這些基礎類別。多重繼承（multiple inheritance）是指衍生類

別繼承自多個基本類別，而這些被繼承的基本類別相互之間可能都沒有關係。簡單的說，就是一種直接繼承的型態，它直接繼承了兩個或兩個以上的基礎類別。多重類別繼承宣告運算式如下：

```
class ChildClass(ParentClass1, ParentClass2,…):
    指令敘述
```

我們將舉兩個簡單的實例來示範Python的多重繼承的作法，首先第一個例子祖父類別的兩個衍生類別中的方法名稱相同，各位可以留意這個例子中，當筆者設定一個Mermaid類別的物件Alice，再由這個物件分別呼叫feature1()、feature2()、feature3()三個方法，但因為其父類別一Human及父類別二Fish這兩個類別同時擁有feature2()方法，各位可以試著觀察到底會執行哪一個feature2()方法？

【範例程式：**multiple1.py**】多重繼承1

```
01 #多重繼承範例1
02
03 class Animal: #祖父類別
04     def feature1(self):
05         print('大多數動物能自發且獨立地移動')
06
07 class Human(Animal): #父類別一
08     def feature2(self):
09         print('人類是一種有思考能力與情感的高級動物')
10
11 class Fish(Animal): #父類別二
12     def feature2(self):
13         print('水生脊椎動物的總稱')
14
15 class Mermaid(Human, Fish): #子類別同時繼承兩種類別
```

```
16      def feature3(self):
17          print('又稱人魚,傳說中的生物同時具備人及魚的部分特性')
18
19 #產生子類別實體
20 alice = Mermaid()
21 alice.feature1()
22 alice.feature2()
23 alice.feature3()
```

【執行結果】

```
大多數動物能自發且獨立地移動
人類是一種有思考能力與情感的高級動物
又稱人魚,傳說中的生物同時具備人及魚的部份特性
```

【程式碼解析】

- 第03～05行：定義Animal祖父類別。
- 第07～09行：定義Human的父類別一。
- 第11～13行：定義Fish的父類別二。
- 第15～17行：子類別Mermaid同時繼承Human父類別一及Fish父類別二。
- 第20行：產生Alice子類別實體。
- 第21行：呼叫繼承自Animal祖父類別的feature1()方法。
- 第22行：呼叫繼承自Human父類別一的feature2()方法。
- 第23行：呼叫繼承自Mermaid基礎類別二的feature3()方法。

上述例子中的Human和Fish類別同時擁有feature2()方法,各位應該有注意到最後只會執行第一個繼承的父類別一的feature2()方法。

但是如果我們將Human和Fish類別的方法名稱取不一樣的名字,這種

情況下當上述程式在建立Mermaid類別的Alice物件時，就會分別啟動多重
繼承的父類別中的不同方法。

　　以下例子只將上例中原本相同名稱的feature2()方法改成不同的名
稱，各位可以清楚分辨出這兩支程式不同的輸出結果。

【範例程式：**multiple2.py**】多重繼承2

```
01 #多重繼承範例2
02
03 class Animal: #祖父類別
04     def feature1(self):
05         print('大多數動物能自發且獨立地移動')
06
07 class Human(Animal): #父類別一
08     def feature2(self):
09         print('人類是一種有思考能力與情感的高級動物')
10
11 class Fish(Animal): #父類別二
12     def feature3(self):
13         print('水生脊椎動物的總稱')
14
15 class Mermaid(Human, Fish): #子類別同時繼承兩種類別
16     def feature4(self):
17         print('又稱人魚,傳說中的生物同時具備人及魚的部分特性')
18
19 #產生子類別實體
20 alice = Mermaid()
21 alice.feature1()
22 alice.feature2()
23 alice.feature3()
24 alice.feature4()
```

【執行結果】

```
大多數動物能自發且獨立地移動
人類是一種有思考能力與情感的高級動物
水生脊椎動物的總稱
又稱人魚, 傳說中的生物同時具備人及魚的部分特性
```

【程式碼解析】

- 第03～05行：定義Animal祖父類別。
- 第07～09行：定義Human的父類別一。
- 第11～13行：定義Fish的父類別二，此處方法名稱和父類別一要改成不同的名稱，此處筆者取名feature3()。
- 第15～17行：子類別Mermaid同時繼承Human父類別一及Fish父類別二，此處方法名稱取名feature4()。。
- 第20行：產生Alice子類別實體。
- 第21行：呼叫繼承自Animal祖父類別的feature1()方法。
- 第22行：呼叫繼承自Human父類別一的feature2()方法。
- 第23行：呼叫繼承自Fish基礎類別二的feature3()方法。
- 第24行：呼叫繼承自Mermaid基礎類別二的feature4()方法。

9-2-5 覆寫基礎類別的方法

當我們自基礎類別繼承所有的成員後，或許原先的基礎類別內，可能有某些成員函數不符合程式的需要。事實上，不一定所有繼承的成員都必須要照單全收，您可以在衍生類別中以相同名稱、相同參數以及相同的傳回值的方法來取代基礎類別的方法。利用這種方式來建立新版本成員函數的動作，稱之為覆寫（override）。

簡單來說，覆寫就是一種重新改寫所繼承的父類別的方法，但卻不會影響到父類別中原來被覆寫的方法。以下的例子示範如何在子類別覆寫父類別的方法。

【範例程式：**override.py**】覆寫的實作

```
01 #子類別覆寫父類別的方法
02 class Normal(): #父類別
03     def subsidy(self, income):
04         self.money = income
05         if self.money >= 500000:
06             print('小康家庭補助金額：', end = ' ')
07             return 5000
08
09 class Poor(Normal): #子類別
10     def subsidy(self, income): #覆寫subsidy方法
11         self.money = income
12         if self.money < 300000:
13             print('中低收入家庭補助金額：', end = ' ')
14             return 10000
15
16 student1 = Normal()#建立父類別物件
17 print(student1.subsidy(780000),'元')
18
19 student2 = Poor()#建立子類別物件
20 print(student2.subsidy(250000),'元')
```

【執行結果】

```
小康家庭補助金額： 5000 元
中低收入家庭補助金額： 10000 元
```

【程式碼解析】

- 第02～07行：定義Normal父類別。
- 第09～14行：定義Poor子類別，這個子類別會覆寫subsidy()方法。
- 第16～17行：建立student1父類別物件，並呼叫父類別中的subsidy()方法，再將其結果輸出。
- 第19～20行：建立student2子類別物件，並呼叫子類別中覆寫subsidy()方法，再將其結果輸出。

【範例程式：override1.py】覆寫的實作

```
01 #子類別覆寫父類別的方法
02 class Discount(): #父類別
03     def rate(self, total):
04         self.price = total
05         if self.price >= 20000:
06             print('平日假日的折扣為9折：', end = ' ')
07             return total * 0.9
08
09 class Festival(Discount): #子類別
10     def rate(self, total): #覆寫rate方法
11         self.price = total
12         if self.price >= 50000:
13             print('節慶特優惠折扣為5折：', end = ' ')
14             return total * 0.5
15
16 Jane = Discount()#建立父類別物件
17 print(Jane.rate(78000))
18
19 Mary = Festival()#建立子類別物件
20 print(Mary.rate(78000))
```

【執行結果】

```
平日假日的折扣為9折：  70200.0
節慶特優惠折扣為5折：  39000.0
```

【程式碼解析】

- 第02～07行：定義Discount父類別。
- 第09～14行：定義Festival子類別，這個子類別會覆寫rate()方法。
- 第16～17行：建立Jane父類別物件，並呼叫父類別中的rate()方法，再將其結果輸出。
- 第19～20行：建立Mary子類別物件，並呼叫子類別中覆寫rate()方法，再將其結果輸出。

9-2-6 繼承相關函式

在Python中與繼承較相關的函式有isinstance()及issubclass()。

■ isinstance()

isinstance()是Python中的一個內建函數，包含兩個參數，第一個參數是物件，第二個參數是類別，其語法如下：

isinstance(物件, 類別)

這個函數的功能是判斷第一個參數的物件是否屬於第二個參數類別的一種。如果第一個參數物件的類別是屬於第二個參數類別或其子類別，會回傳True，否則回傳False。下一個例子，我們沿用多重繼承的範例，測試並輸出一系列isinstance()的回傳值。

【範例程式：isinstance.py】 isinstance()函數的實作

```
01 class Animal: #祖父類別
02     def feature1(self):
03         print('大多數動物能自發且獨立地移動')
04
05 class Human(Animal): #父類別一
06     def feature2(self):
07         print('人類是一種有思考能力與情感的高級動物')
08
09 class Fish(Animal): #父類別二
10     def feature3(self):
11         print('水生脊椎動物的總稱')
12
13 class Mermaid(Human, Fish): #子類別同時繼承兩種類別
14     def feature4(self):
15         print('又稱人魚,傳說中的生物同時具備人及魚的部分特性')
16
17 #產生子類別實體
18 tiger = Animal()
19 daniel= Human()
20 goldfish=Fish()
21 alice = Mermaid()
22 print("tiger是屬於Animal類別:",isinstance(tiger,Animal))
23 print("daniel是屬於Animal類別:",isinstance(daniel,Animal))
24 print("goldfish是屬於Animal類別:",isinstance(goldfish,Animal))
25 print("alice是屬於Animal類別:",isinstance(alice,Animal))
26 print("==========================================")
27 print("tiger是屬於Human類別:",isinstance(tiger,Human))
28 print("daniel是屬於Human類別:",isinstance(daniel,Human))
29 print("goldfish是屬於Human類別:",isinstance(goldfish,Human))
30 print("alice是屬於Human類別:",isinstance(alice,Human))
```

```
31 print("=============================================")
32 print("tiger是屬於Fish類別:",isinstance(tiger,Fish))
33 print("daniel是屬於Fish類別:",isinstance(daniel,Fish))
34 print("goldfish是屬於Fish類別:",isinstance(goldfish,Fish))
35 print("alice是屬於Fish類別:",isinstance(alice,Fish))
36 print("=============================================")
37 print("tiger是屬於Mermaid類別:",isinstance(tiger,Mermaid))
38 print("daniel是屬於Mermaid類別:",isinstance(daniel,Mermaid))
39 print("goldfish是屬於Mermaid類別:",isinstance(goldfish,Mermaid))
40 print("alice是屬於Mermaid類別:",isinstance(alice,Mermaid))
```

【執行結果】

```
tiger是屬於Animal類別: True
daniel是屬於Animal類別: True
goldfish是屬於Animal類別: True
alice是屬於Animal類別: True
=============================================
tiger是屬於Human類別: False
daniel是屬於Human類別: True
goldfish是屬於Human類別: False
alice是屬於Human類別: True
=============================================
tiger是屬於Fish類別: False
daniel是屬於Fish類別: False
goldfish是屬於Fish類別: True
alice是屬於Fish類別: True
=============================================
tiger是屬於Mermaid類別: False
daniel是屬於Mermaid類別: False
goldfish是屬於Mermaid類別: False
alice是屬於Mermaid類別: True
```

【程式碼解析】

● 第01～03行：定義Animal祖父類別。

● 第05～07行：定義Human父類別一。

● 第09～11行：定義Fish父類別二。

- 第13~15行：子類別同時繼承兩種類別：父類別一及父類別二。
- 第18~21行：產生子類別實體。
- 第22~40行：測試並輸出一系列的isinstance()的回傳值。

■ issubclass()

　　issubclass()是Python中的一個內建函數，包含兩個參數，其語法如下：

issubclass(類別1, 類別2)

　　這個內建函數的功能是如果類別1是類別2所指定的子類別，則傳回True，否則傳回False。請看下例的說明：

【範例程式：**issubclass.py**】內建函數issubclass()的實作

```
01 class Animal: #祖父類別
02     def feature1(self):
03         print('大多數動物能自發且獨立地移動')
04
05 class Human(Animal): #父類別一
06     def feature2(self):
07         print('人類是一種有思考能力與情感的高級動物')
08
09 class Fish(Animal): #父類別二
10     def feature3(self):
11         print('水生脊椎動物的總稱')
12
13 class Mermaid(Human, Fish): #子類別同時繼承兩種類別
14     def feature4(self):
```

```
15          print('又稱人魚,傳說中的生物同時具備人及魚的部分特性')
16
17 print("Mermaid是屬於Fish子類別:",issubclass(Mermaid,Fish))
18 print("Mermaid是屬於Human子類別:",issubclass(Mermaid,Human))
19 print("Mermaid是屬於Animal子類別:",issubclass(Mermaid,Animal))
```

【執行結果】

```
Mermaid是屬於Fish子類別: True
Mermaid是屬於Human子類別: True
Mermaid是屬於Animal子類別: True
```

【程式碼解析】

- 第01～03行：定義Animal祖父類別。
- 第05～07行：定義Human父類別一。
- 第09～11行：定義Fish父類別二。
- 第13～15行：子類別同時繼承兩種類別：父類別一及父類別二。
- 第17行：判斷Mermaid是否為Fish的子類別，並將其結果值輸出。
- 第18行：判斷Mermaid是否為Human的子類別，並將其結果值輸出。
- 第19行：判斷Mermaid是否為Animal的子類別，並將其結果值輸出。

9-3 多型

多型（polymorphism）功能就是可讓彼此有繼承關係但不同的類別，對相同的動作有著不同的反應。一般在程式裡，常常會在基礎類別或是衍生類別中宣告相同名稱但不同功能的方法。這時可以把這些方法稱作同名異式或是多型，使得我們能夠呼叫相同名稱的方法卻做不同的運算，因為這個方法所屬的類別實體可以被動態的連接，而這些類別實體具有相同的基礎類別。例如下例已建立某個基礎類別的成員方法bonus()，以及建立多個由基礎類別所衍生出來的成員bonus()方法。

【範例：**polymorphism.py**】多型實作

```
01 #多型實作
02 class Colleague(): #父類別
03     def __init__(self, name, income):
04         self.name = name
05         self.income = income
06
07     def bonus(self):
08         return self.income
09
10     def title(self):
11         return self.name
12
13 class Manager(Colleague):#子類別
14     def bonus(self):
15         return self.income * 1.5
16
17 class Director(Colleague): #子類別
18     def bonus(self):
19         return self.income * 1.2
20 print('==============================')
21 obj1 = Colleague('一般性員工', 50000) #父類別物件
22 print('{:8s} 紅利 {:,}'.format(obj1.title(), obj1.bonus()))
23
24 print('==============================')
25 obj2 = Manager('經理級年終', 80000) #子類別物件
26 print('{:8s} 紅利 {:,}'.format(obj2.title(), obj2.bonus()))
27
```

```
28 print('================================')
29 obj3 = Director('主任級年終', 65000) #子類別物件
30 print('{:8s} 紅利 {:,}'.format(obj3.title(), obj3.bonus()))
31 print('================================')
```

【執行結果】

```
================================
一般性員工        紅利 50,000
================================
經理級年終        紅利 120,000.0
================================
主任級年終        紅利 78,000.0
================================
```

【程式碼解析】

- 第02～11行：定義Colleague（同事）父類別，其中定義的bonus()方法會回傳income的值。
- 第13～15行：定義Manager（經理）子類別，其中定義的bonus()方法會回傳income * 1.5的值。
- 第17～19行：定義Director（主任）子類別，其中定義的bonus()方法會回傳income *1.2的值。

9-3-1 組合

組合（composition）在繼承機制中是has_a的關係，例如公司是由會議日期、會議成員和開會地點組成，就利用這個概念配合Python的程式碼，為各位示範如何撰寫一個組合的程式。

【範例：composition.py】組合程式實作

```
01 from datetime import date
02
03 #組合的簡易作法
04 class Employee: #公司員工
05     def __init__(self, *title):
06         self.title = title
07
08 class Meeting: #會議
09     def __init__(self, topic, tday):
10         self.topic = topic
11         self.today = tday
12         print('開會日期：', self.today)
13         print('開會地點：', self.topic)
14
15 class Company: #公司
16     def __init__(self, Employee, Meeting):
17         self.Employee = Employee
18         self.Meeting = Meeting
19
20     def show(self):
21         print('參與會議人員:', self.Employee.title)
22
23 tday = date.today()#取得今天日期
24 #Employee物件
25 member = Employee('研發部主管','會計部主管','業務部主管','行銷部
   主管')
26 place = Meeting('公司總部805會議室', tday)#開會地點
27 obj = Company(member, place)#Company實體
28 obj.show()#呼叫方法
```

【執行結果】

> 開會日期：2023-01-15
> 開會地點：公司總部805會議室
> 參與會議人員：('研發部主管', '會計部主管', '業務部主管', '行銷部主管')

【程式碼解析】

● 第04～06行：定義Employee公司員工類別。

● 第08～13行：定義Meeting會議類別。

● 第15～21行：定義Company公司類別，Company公司類別是由 Employee公司員工類別和Meeting會議類別組合而成。

9-4 上機綜合練習

1. 請設計程式可以依據自己的需求傳入不同資料型別給類別的資料成員。

> 出生年月日：民國67年7月3日
> 出生年月日：[67, 7, 3]

解答：datatype.py

2. 請設計一個程式，該程式有加退選課程的程式概念。該程式可以允許學生以物件導向程式設計的作法加選課程及退選課程，最後再列出該學生的姓名及所有選修課程清單。這支程式必須先行定義ElectiveCourses類別，在這個類別中，除了以__init__()方法設定姓名name及課程course的初始值外，還定義了以下幾種方法：

● def get_name(self)：用來回傳學生的姓名。

● def addcourse(self, course)：用來將傳入的參數內容加入到選修課程

course的串列內容。

● def dropcourse(self, course)：用來將傳入的參數內容從選修課程 course的串列內容中移除。

● def getcourse(self)：用來回傳選修課程的串列內容。

本學期 陳元俊 同學的選修課程有：
['機器學習', '人工智慧', '大數據', '自動控制', 'Python程式設計']

解答：add_drop.py

本章課後習題

一、填充題

1. 結構化程式設計就是_____設計與_____設計。

2. 每一個物件在程式語言中的實作都必須透過_____的宣告。

3. 物件導向的三項主要特點：_____、_____和_____。

4. Python預設所有的類別與其包含的成員都是_____。

5. 產生類別之後，還要具體化物件，稱為_____。

6. __init__()方法的第一個參數是_____，是被用來指向剛建立的物件本身。

7. 要指定屬性為私有的，要將屬性名稱前面加上_____。

8. 經由繼承所產生的新類別就稱之為_____類別。

9. _____可以在子類別中重新改寫所繼承的父類別的方法，但卻不會影響到父類別中被覆寫的方法。

10. 組合(composition)在繼承機制中是_____的關係。

二、問答與實作題

1. 簡述匿名物件（anonymous object）的程式設計技巧。

2. 請簡單陳述__init__()方法在Python語言物件導向程式設計所扮演的角色。

3. 試解釋下列幾個名詞。

　　① 類別（class）　　② 方法（method）　　③ 實體化（instantiation）

4. 請說明以下函數的功能。

　　① super()　② isinstance()　③ issubclass()

5. 請問下列程式碼中有什麼語法上的錯誤？

```
class Book:
    #定義方法：取得書籍名稱和價格
    def setInfo(title, price):
        self.title = title
        self.price = price
```

6. 下列程式中的第6行要填入的是建立物件的敘述，請試著填入才可以讓底下程式執行正確無誤。

```
01 class Date:
02     def setDate(self,birthday): #第一種方法
03         self.birthday =birthday
04     def showDate(self): #第二種方法
05         print("出生年月日:",self.birthday)
06 _____
07 d1.setDate("民國67年7月3日")#呼叫方法時傳入字串
08 d1.showDate()
```

7. 試簡單說明何謂資訊隱藏（information hiding）。

8. 簡述物件導向程式設計封裝的特點。

9. 簡述多型的定義。

第十章

實戰視窗程式開發與 GUI 設計

　　視窗程式設計已經成為目前的主流，視窗操作模式與文字模式最大的不同點在於使用者與程式之間的操作模式。在視窗模式下，使用者的操作是經由事件（event）的觸發與視窗程式溝通。所謂Graphical User Interface（圖形使用者介面，簡稱GUI）是指使用圖形方式顯示使用者操作介面，這種模式的優點是親和性較高，不論在視覺、學習與使用上，都能有最方便舒適的操作環境，和命令列介面比較起來，不管是在操作上或是視覺上都更容易被使用者接受。本章將會開始跟各位討論如何利用Python來開發GUI視窗程式的完整過程。

請輸入名字	送出

　　從上圖中，可以看到一個網頁畫面視窗，而畫面中可以看到輸入框以及按鈕。我們可直接在輸入框輸入資訊後，再藉由按鈕點擊，將剛才輸入的資訊傳送出去就能完成操作，並將繁雜的指令直接透過圖像化的輔助將介面直接呈現出來。

CHAPTER

10

Tips

　　所謂事件（event）是指：「使用者執行視窗程式時，對視窗元件所採取的動作」。在視窗模式下，程式必須在元件上加入事件處理的程式，當使用者經利用滑鼠或鍵盤輸入資訊時，這時特定的事件將會被觸發來處理使用者的需求。

10-1 建立視窗—tkinter套件簡介

　　Python也提供了多種套件來支援GUI介面的撰寫，可以很方便地建立完整與功能健全的GUI用戶界面，例如tkinter、wxPython、PyQt、Kivy、PyGtk等。本章內容將會以Python所提供的GUI tkinter套件為主，是Python內建的標準模組，它能讓你快速入門視窗程式，是開發的好助手。tkinter支援跨平台，同樣的程式可以在Linux/Windows/Mac等系統上執行，至於tkinter（發音成tk-inter）是Tool Kit Interface的縮寫，tkinter套件是一種內建標準模組。從官方網站（https://docs.python.org/3.10/library/tkinter.html）上，可看到官方標題寫著tkinter - Python interface to Tcl/Tk，也就是說Python的tkinter套件是建構在Tcl/Tk的架構上，而Tcl、Tk是什麼呢？Tcl（發音tickle）是一種跨平台程式語言，TCL經常被用於GUI程式設計和測試等方面。Tcl常用的擴充功能有以下幾項：

- Tk
- Expect
- Tile/Ttk
- Tix
- Itcl/IncrTcl
- Tcllib

● TclUDP

● 資料庫

這些擴充功能中，Tk是個開放原始碼的圖像使用者介面開發工具，這個工具提供許多常用的圖像介面元件，是以Tcl所撰寫的擴充功能。既然Tk是Tcl所擴充的功能，當然也可跨平台開發。以下為Tk擁有的三種特性：

● 平台獨立性：可不需修改並可移至不同平台上。

● 客製化：在Tcl中所有屬性幾乎皆可修改。

● 保存設定：多種設置可儲存在資料庫，當再次載入程序時進行讀取。

10-1-1 匯入tkinter套件與建立主視窗

要使用tkinter套件之前，必須先匯入模組，為了簡化後續程式的撰寫工作，也可以一併為套件名稱取一個別名，語法如下：

```
import tkinter as tk  #為套件名稱取一個別名
```

GUI介面的最外層是一個視窗物件，稱為主視窗，我們首先要建立一個主視窗，就像作畫一樣，先要架好架子和畫板，然後才能在上面畫上各種圖案。建立好主視窗後，接著在上面放置各種元件，例如加入像是標籤、按鈕、文字方塊、功能表等視窗內部的元件，各位要建立主視窗很簡單，語法如下：

```
主視窗名稱 = tk.Tk()
```

例如視窗名稱為win，建立主視窗的語法如下：

```
win = tk.Tk()
```

主視窗常用的方法有：

方法	說明	實例
geometry ("寬x高")	設定主視窗尺寸（「x」是小寫字母x），如果沒有提供主視窗尺寸的資訊，預設會以視窗內部的元件來決定視窗的寬與高。	win.geometry("150x200") 表示設定視窗的寬度150像素，高度200像素。
title(text)	設定爲主視窗標題列文字，例如右邊實例會於視窗的標題列秀出「我的第一支視窗程式」的文字。如果沒有設定視窗標題，預設爲「tk」。	win.title("我的第一支視窗程式")

　　當主視窗設定完成之後，在程式最後必須使用mainloop()方法讓程式進入循環偵聽模式，也就是讓我們的視窗進入一個等待事件的迴圈，來偵測使用者觸發的「事件（event）」，這個迴圈會一直執行，直到出現GUI事件，然後進行處理，如果沒有mainloop迴圈，就是一個靜態的window，所有的視窗元件都必須有類似的mainloop。當我們在視窗上面的按鈕物件用滑鼠點一下時，這個迴圈就會偵測到一個 mouse click 的事件，然後再按照我們替這個事件事先設計好的相關指令來執行，語法如下：

```
win = tk.Tk()win.mainloop()
```

　　以下列建立一個第一個空的視窗的程式碼：

【範例程式：**tk_main.py**】建立視窗的第一支程式

```
01 # -*- coding: utf-8 -*-
02
```

```
03 import tkinter as tk
04 win = tk.Tk()
05 win.geometry("400x400")
06 win.title("這是我的第一支用Python寫的視窗程式")
07 win.mainloop()
```

執行程式之後，就會出現下圖視窗，視窗右上角有標準視窗的縮小、放大以及關閉按鈕，還能夠拖曳邊框調整視窗大小。

【程式碼解析】

● 第3行：匯入tkinter模組，並為套件名稱取一個別名。
● 第4行：建立主視窗語法。
● 第5行：表示設定視窗的寬度400像素，高度400像素。
● 第6行：設定為主視窗標題列文字。

● 第7行：使用mainloop()方法讓程式進入循環偵聽模式，來偵測使用
者觸發的事件（event）。

10-2 視窗版面布局（Layout）

　　前面建立的視窗是空的主視窗，接著要在視窗中加入元件，這些元
件的擺放方式必須有一定的規則，總共有3種布局方法：pack、grid以及
place，我們分別說明如下：

10-2-1 pack方法

　　pack方法是最基本的版面布局方式，預設是以由上而下方式擺放元
件，常用的參數如下：

參數	說明
padx	設定水平間距
pady	設定垂直間距
fill	是否填滿寬度(x)或高度(y)，參數值有x、y、both、none
expand	左右分散對齊，可以設定0跟1兩種值，0表示不要分散；1表示平均分配
side	設定位置，設定值有left、right、top、bottom

　　位置及長寬的單位都是像素（pixel），例如以下程式碼將4個按鈕
利用pack方法加入視窗，其中按鈕元件中的width屬性是指按鈕元件的寬
度，而text屬性為按鈕上的文字。

【範例程式：**pack.py**】利用pack方法加入視窗

```
01 # -*- coding: utf-8 -*-
02
03 import tkinter as tk
04 win = tk.Tk()
05 win.geometry("400x100")
06 win.title("pack版面布局的示範")
07
08 plus=tk.Button(win, width=20, text="加法範例")
09 plus.pack(side="left")
10 minus=tk.Button(win, width=20, text="減法範例")
11 minus.pack(side="left")
12 multiply=tk.Button(win, width=20, text="乘法範例")
13 multiply.pack(side="left")
14 divide=tk.Button(win, width=20, text="除法範例")
15 divide.pack(side="left")
16
17 win.mainloop()
```

【執行結果】

【程式碼解析】

- 第3行：匯入tkinter模組，並爲套件名稱取一個別名。
- 第4行：建立主視窗語法。
- 第5行：表示設定視窗的寬度400像素，高度100像素。
- 第6行：設定爲主視窗標題列文字。
- 第8～15行：第8行在視窗中加入按鈕元件（此處暫時只要知道此指令可以建立按鈕元件，細節後面會再詳細明），按鈕上的文字爲「加法範例」，以pack()方法安排版面布局方式，位置齊左。其它第11～15行加入其它三個按鈕元件。
- 第17行：使用mainloop()方法讓程式進入循環偵聽模式，來偵測使用者觸發的事件。

10-2-2 place方法

place方法是以元件在視窗中的絕對位置與相對位置兩種方式來告知系統要將元件的擺放方式，簡單來說，絕對位置是給精確的座標來定位，而相對位置則是將整個視窗寬度或高度視爲「1」，常用參數如下表：

參數	說明
x	以左上角爲基準點，x表示向右偏移多少像素
y	以左上角爲基準點，y表示向下偏移多少像素
relx	相對水平位置，值爲0～1，視窗中間位置relx=0.5
rely	相對垂直位置，值爲0～1，視窗中間位置rely=0.5
anchor	定位基準點，參數值有下列9種： center：正中心 N、S、E、W：上方中間、下方中間、右方中間、左方中間 NE、NW、SE、SW：右上角、左上角、右下角、左下角，例如引數 anchor='NW'，就是前面所講的錨定點是左上角

例如以下將4個按鈕利用place方法加入視窗：

【範例程式：**place.py**】利用place方法加入視窗

```
01 # -*- coding: utf-8 -*-
02
03 import tkinter as tk
04 win = tk.Tk()
05 win.geometry("400x100")
06 win.title("place版面布局的示範")
07
08 plus=tk.Button(win, width=30, text="加法範例")
09 plus.place(x=10, y=10)
10 minus=tk.Button(win, width=30, text="減法範例")
11 minus.place(relx=0.5, rely=0.5, anchor="center")
12 multiply=tk.Button(win, width=30, text="乘法範例")
13 multiply.place(relx=0.5, rely=0)
14 divide=tk.Button(win, width=30, text="除法範例")
15 divide.place(relx=0.5, rely=0.7)
16
17 win.mainloop()
```

【執行結果】

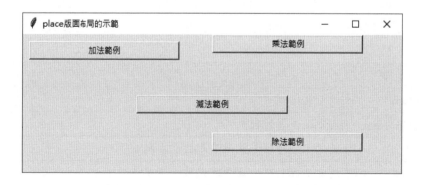

　　其中減法按鈕、乘法按鈕與除法按鈕利用相對位置定位，因此當視窗縮放時，元件位置仍會在相對比例的位置上。

程式碼解析：

- 第3行：匯入tkinter模組，並為套件名稱取一個別名。
- 第4行：建立主視窗語法。
- 第5行：表示設定視窗的寬度400像素，高度100像素。
- 第6行：設定為主視窗標題列文字。
- 第8～15行：第8行在視窗中加入按鈕元件（此處暫時只要知道此指令可以建立按鈕元件，細節後面會再詳細明），按鈕上的文字為「加法範例」，以place()方法安排版面布局方式，位置為向右偏移10像素，向下偏移10像素。其它第11～15行加入其它三個按鈕元件，也以place()方法安排版面布局方式，但設定位置的方式改採用相對位置的方式。
- 第17行：使用mainloop()方法讓程式進入循環偵聽模式，來偵測使用者觸發的事件。

10-2-3 grid方法

　　grid方法是利用表格配置的方式來安排元件的位置，所有的內容會被放在這些規律的表格中，也就是用表格的形式定位。常用的參數如下：

參數	說明
column	設定放在哪一行
columnspan	左右欄合併的數量
padx	設定水平間距，就是單元格左右間距
pady	設定垂直間距，就是單元格上下間距

參數	說明
row	設定放在哪一列
rowspan	上下欄合併的數量
sticky	設定元件排列方式，有4種參數值可以設定：n、s、e、w：靠上、靠下、靠右、靠左

例如以下將4個按鈕利用grid方法加入視窗：

【範例程式：**grid.py**】利用grid方法加入視窗

```
01 # -*- coding: utf-8 -*-
02
03 import tkinter as tk
04 win = tk.Tk()
05 win.geometry("400x100")
06 win.title("grid版面布局的示範")
07
08 plus=tk.Button(win, width=20, text="加法範例")
09 plus.grid(column=0,row=0)
10 minus=tk.Button(win, width=20, text="減法範例")
11 minus.grid(column=0,row=1)
12 multiply=tk.Button(win, width=20, text="乘法範例")
13 multiply.grid(column=0,row=2)
14 divide=tk.Button(win, width=20, text="除法範例")
15 divide.grid(column=0,row=3)
16
17 win.mainloop()
```

CHAPTER

10

【執行結果】

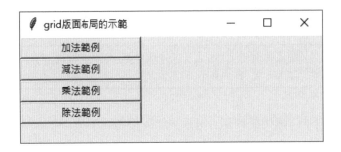

【程式碼解析】

- 第3行：匯入tkinter模組，並爲套件名稱取一個別名。
- 第4行：建立主視窗語法。
- 第5行：表示設定視窗的寬度400像素，高度100像素。
- 第6行：設定爲主視窗標題列文字。
- 第8～15行：第8行在視窗中加入按鈕元件（此處暫時只要知道此指令可以建立按鈕元件，細節後面會再詳細明），按鈕上的文字爲「加法範例」，第9行以grid()方法安排版面布局方式，欄列位置的索引爲column=0, row=0。其它第11～15行加入其它三個按鈕元件，欄列位置的索引分別爲column=0, row=1、column=0, row=2、column=0, row=3。
- 第17行：使用mainloop()方法讓程式進入循環偵聽模式，來偵測使用者觸發的事件。

使用grid版面配置的位置就如底下的示意圖，儲存格內的數字分別代表（column, row）：

	第0欄	第1欄	第2欄
第0列	column=0,row=0	column=1,row=0	column=2,row=0
第1列	column=0,row=1	column=1,row=1	column=2,row=1
第2列	column=0,row=2	column=1,row=2	column=2,row=2

10-3 標籤元件（Label）

前面已學會了如何建立一個主視窗及布局方式之後，接下來我們要將 tkinter 物件加入我們的空白視窗，tkinter 套件提供非常多的視窗物件，例如Label、Button、Canvas、Menu、Entry 等等，接下來以下就從最常用的標籤元件（Label）開始談起。

標籤元件（Label）主要功能是用來顯示唯讀的文字敘述，通常作為標題或是控制物件的說明，我們無法對標籤元件作輸入或修改資料的動作，點擊它也不會觸發任何事件，建立Label語法如下：

元件名稱 = tk.Label(容器名稱, 參數)

容器名稱是指上一層（父類別）容器名稱，當建立了一個標籤元件，就可以指定其文字內容、字型色彩及大小、背景顏色、標籤寬跟高、與容器的水平或垂直間距、文字位置、圖片等參數，參數之間用逗號「,」分隔，常用的參數如下表：

參數	說明
height	設定高度
width	設定寬度
text	設定標籤的文字

參數	說明
font	設定字型及字體大小，一般來說要設定字型，它會以tuple（元組）來表示font元素，例如「新細明體」、大小為14、粗斜體字型的設定方式。 font =('新細明體', 14, 'bold', 'italic') 字型也可以直接以字串表示，如下所示： "新細明體14 bold italic"
fg	設定標籤內的文字顏色，指定顏色可以使用顏色名稱（例如red、yellow、green、blue、white、black）或使用十六進位值顏色代碼，例如紅色#ff0000、黃色#ffff00。
bg	設定標籤的背景顏色
padx	設定文字與容器的水平間距
pady	設定文字與容器的垂直間距
borderwidth	設標籤框線寬度，可以「bd」取代
image	標籤指定的圖片
justify	標籤若有多行文字的對齊方式

　　建立的元件首先必須指定布局方式，例如要將Label元件指定以pack方法排列，範例如下：

【範例：**label.py**】將Label元件指定以pack方法排列

```
01  # -*- coding: utf-8 -*-
02
03  import tkinter as tk
04  win = tk.Tk()
05  win.geometry("200x100")
06  win.title("Label元件的參數設定")
07
08  label = tk.Label(win, bg="#ff00ff", fg="#ffff00", \
09          font =("標楷體", 14, "bold", "italic"), \
10          padx=5, pady=30, text = "生日快樂")
```

```
11  label.pack()
12
13  win.mainloop()
```

【執行結果】

【程式碼解析】

- 第3行：匯入tkinter模組，並為套件名稱取一個別名。
- 第4行：建立主視窗語法。
- 第5行：表示設定視窗的寬度200像素，高度100像素。
- 第6行：設定為主視窗標題列文字。
- 第8～10行：建立標籤元件。
- 第11行：標籤元件以pack()方式來進行版面布局。
- 第13行：使用mainloop()方法讓程式進入循環偵聽模式，來偵測使用者觸發的事件。

我們再來看另一個如何建立Label標籤的簡易程式：

【範例：**label2.py**】Label標籤的使用

```
01  import tkinter as tk
02  win = tk.Tk()
03  win.title("Label標籤")
```

```
04 label = tk.Label(win, text = "Label標籤")
05 label.pack()
06 win.mainloop()
```

【執行結果】

【程式碼解析】

● 第01行：這邊是將tkinter套件引入，並為套件名稱取一個別名。

● 第02行：將tk.Tk()指定給win變數並建立一個視窗。

● 第03行：透過title()函數為視窗給定標題名稱。

● 第04行：Label標籤條用的第一個參數為主式窗名稱，表示為Label標籤放置於主視窗並告知其為子元件；第二個參數之後的調用則是Label所要顯示的文字敘述以及一些寬度、底線等等的設置。

● 第05行：設置完成後，最後須加上pack()函數，其表示該標籤放置位置。

10-4 按鈕元件（Button）

按鈕元件（Button）是經常用來接受事件的物件，用來讓使用者說「馬上給我執行這個任務」，熟悉視窗操作的使用者看到後，會直覺反應它是個可以「按下」的控制物件。按鈕元件主要被使用於指令，可用來實現各種按鈕，按鈕能夠包含文字或圖像。當使用者按下按鈕時會觸發click事件，並接著呼叫對應的事件處理方法進行後續的處理工作。建立按鈕元件的語法如下：

> 元件名稱 = tk.Button(容器名稱, [參數1=值1,參數2=值2,⋯.參數n=值n])

　　按鈕元件僅能顯示一種字型，但是這個文字可以跨行，除了保有許多
Label元件的參數外，較為特別是Button元件多了一個command參數，這
個參數的值必須設定一個函數名稱，當使用者按下按鈕時，就必須呼叫這
個函數來進行後續的處理工作，Button元件除了和Label元件有相同的參
數外，較常用的參數如下表：

參數	說明
textvariable	可以將按鈕上所設定的文字指定給字串的變數，例如：text-variable= btnvar 之後就可以使用btnvar.get()方法取得按鈕上的文字，或使用btnvar.set()方法來設定按鈕上的文字。
command	事件處理函數
underline	幫按鈕上的字元加上底線，如果不加底線請設定為-1，0表示第1個字元加底線，1表示第2個字元加底線，以此類推。

　　接著就來看看如何在視窗中設置Button元件。

【範例：**button1.py**】設置Button元件

```
01 import tkinter as tk
02 win = tk.Tk()
03 win.title("Button按鈕")
04 win.geometry('300x200')
05 button = tk.Button(win, text = "點擊")
06 button.pack()
07 win.mainloop()
```

【程式碼解析】

- 第05行：Button按鈕的第一個參數為主視窗名稱，表示Button為其子元件；第二個參數則用來設置Button元件。
- 第06行：以pack()方式來進行版面布局。
- 第07行：使用mainloop()方法讓程式進入循環偵聽模式，來偵測使用者觸發的事件（Event）。

　　如上圖中，按鈕很明顯的被放置在置中的地方。如果希望按鈕擺放置左邊的位置，那該怎將按鈕往左邊靠或往右邊靠呢？其實這部分很簡單，只要在.pack()設定元件的位置，pack()當中加上side = "left/right"。基本上，pack()不進行設定位置的話，通常位置預設在視窗中間。

10-5 訊息方塊元件（messagebox）

　　這是一種有提示訊息的對話方塊，其主要目的就是以簡便的訊息來作為使用者與程式間互動的介面，通常用於顯示必須讓使用者注意的文字，除非使用者看到，否則程式就會停在訊息框裡面，就是我們平時看到的彈出視窗，基本結構如下：

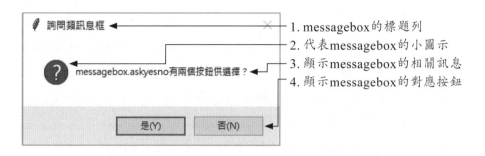

① messagebox的標題列，以參數「title」表示。

② 代表messagebox的小圖示，以參數「icon」表示。

③ 顯示messagebox的相關訊息，以參數「message」代表。

④ 顯示messagebox的對應按鈕，以參數「type」表示。

　　訊息方塊元件概分兩大類：「詢問」類和「顯示」類。其中「詢問」類的messagebox方法以「ask」為開頭，伴隨2～3個按鈕來產生互動行為；而「顯示」類的messagebox方法則以「show」開頭，只會顯示一個「確定」鈕，如下表所示：

種類	messagebox方法
詢問	askokcancel(標題, 訊息, 選擇性參數)
	askquestion(標題, 訊息, 選擇性參數)
	askretrycancel(標題, 訊息, 選擇性參數)
	askyesno(標題, 訊息, 選擇性參數)
	askyesnocancel(標題, 訊息, 選擇性參數)
顯示	showerror(標題, 訊息, 選擇性參數)
	showinfo(標題, 訊息, 選擇性參數)
	showwarning(標題, 訊息, 選擇性參數)

其中參數「標題」是標題列的文字，而參數「訊息」是顯示的文字
內容，至於第三個參數是一種選擇性參數，例如參數名稱icon可以用來
設定訊息方塊中的圖示類型，包含info(訊息) (i) 、warning(警告) ⚠ 、
error(錯誤) ⊗ 、question(問題) ? 等設定值。

下例將示範如何產生詢問類訊息方塊及顯示類訊息方塊：

【範例程式：**messagebox.py**】GUI介面－訊息方塊

```
01  from tkinter import *
02  from tkinter import messagebox
03  wnd = Tk()
04  wnd.title('訊息方塊元件(messagebox)')
05  wnd.geometry('180x120+20+50')
06
07  def answer():
08      messagebox.showerror('顯示類訊息框',
09          '這是messagebox.showerror的訊息框')
10
11  def callback():
12      messagebox.askyesno('詢問類訊息框',
13          '這是messagebox.askyesno的訊息框')
14
15  Button(wnd, text='顯示詢問訊息框的外觀', command =
16      callback).pack(side = 'left', padx = 10)
17  Button(wnd, text='顯示錯誤訊息框的外觀', command =
18      answer).pack(side = 'left')
19  mainloop()
```

【執行結果】

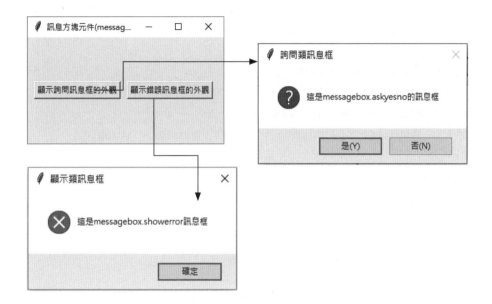

【程式碼解析】

● 第8～9行：顯示類訊息方塊的語法實例。

● 第12～13行：詢問類訊息方塊的語法實例。

接下來的範例會要求使用者輸入姓名、電話及密碼，當完成輸入後，按下「送出」鈕會開啟對話方塊，並在對話方塊中顯示輸入的資訊，請參考底下的程式範例：

【範例：**dialog.py**】對話方塊

```
01  import tkinter as tk
02  import tkinter.messagebox as tkmessage
03  win = tk.Tk()
04  win.title("")
05  win.geometry('300x200')
```

```
06
07 def Message():
08     _strName = strName.get()
09     _strTel = strTel.get()
10     _strpwd = strpwd.get()
11     _string = str("姓名：%s \n電話：%s \n密碼：%s" %
       (_strName,_strTel, _strpwd))
12     tkmessage.showinfo(title = "對話框", message = _string)
13
14 strName = tk.StringVar()
15 lblName = tk.Label(win, text = "姓名").grid(row = 0)
16 entryInputName = tk.Entry(win, textvariable = strName)
17 strName.set(" ")
18 entryInputName.grid(row = 0, column = 1)
19 strTel = tk.StringVar()
20 lblTel = tk.Label(win, text = "電話").grid(row = 1)
21 entryInputTel = tk.Entry(win, textvariable = strTel)
22 strTel.set(" ")
23 entryInputTel.grid(row = 1, column = 1)
24 strpwd = tk.StringVar()
25 lblpwd = tk.Label(win, text = "密碼").grid(row = 2)
26 entryInputpwd = tk.Entry(win, show = "*", textvariable = strpwd)
27 strpwd.set(" ")
28 entryInputpwd.grid(row = 2, column = 1)
29 button = tk.Button(win, text = "送出", command = Message)
30 button.grid(row = 3, column = 1)
31
32 win.mainloop()
```

【程式碼解析】

● 第07～12行：Message 方法是當點擊送出按鈕時，所觸發的執行結果，依照使用者輸入的資訊，以對話框方式呈現。

● 第14～28行：這幾行則是建立出需要使用者輸入資料的部分，其中第14、19、24行宣告變數，之後再指向給每個元件屬性textvariable已取得輸入的資料。

● 第29、30行：表示藉由點擊按鈕觸發事件。

　　這裡要注意一點，設置的變數可以當作存放輸入的資料，當要取得輸入的值亦可透過變數取得資料，此執行結果如下：

　　執行後可從上面兩張圖中，得知在主視窗輸入的資料會以對話框呈現。

10-6 文字方塊元件（Entry）

　　Entry元件允許使用者在單行的文字方塊中輸入簡單的資料，例如數字或字串等簡易資訊，和Label元件不同的地方在於Label只能顯示無法修改，但Entry元件兼具輸入、顯示及修改等特性。一般我們登入網頁需要輸入使用者資訊時，往往只能在單行中輸入，如果想要輸入多行就要使用Text元件。建立Entry元件的語法如下：

> 元件名稱 = tk.Entry(容器名稱, 參數)

　　比較常用的參數如下：

參數	說明
padx	與容器(Frame)的水平間距
pady	與容器(Frame)的垂直間距
borderwidth	設定邊框寬度
relief	設定邊框的浮雕效果，有：flat、groove、raised、ridge、sunken、solid等設定值可以選用
justify	文字對齊方式，設定值：left、right、center，預設為left
state	Entry元件的狀態，normal（一般）表示文字方塊為輸入狀況、readonly（唯讀）表示文字方塊為唯讀狀況、disabled（不可用）表示文字方塊為不啟用狀態
textvariable	用來代表文字方塊物件的變數，透過這個變數可以存取文字方塊的資料

　　使用Entry元件的insert方法，可以設定Entry元件的預設文字：

> entry.insert(索引值, 預設文字)

　　上述中的索引值是指字串的索引位置，可以是數字或是字串「end」，索引從0開始，例如Entry元件裡面有文字「hello」，字母h的索引值就是0，字母e索引值為1，以此類推。

　　接下來的例子就來示範如何在視窗中加入Entry單行文字：

【範例：**single entry.py**】Entry單行文字

```
01  import tkinter as tk
02  win = tk.Tk()
03  win.title("Entry單行文字")
04  win.geometry('300x200')
05  entry = tk.Entry(win)
06  entry.pack()
07  win.mainloop()
```

【執行結果】

【程式碼解析】

● 第05行：Entry的第一個參數為主視窗名稱；第二個參數之後所調用的參數為元件的一些設置。單就看Entry的名稱來看，很難清楚知道這元件的用法，而如下圖畫面來看，其實Entry可以看成類似HTML單行文字的輸入框：\<input type = "text"\></input>

當索引值小於或等於零,則插入點會在開始處;如果索引值大於或等於當前的字數,則插入點在字串末端。如果要取得字串最末端的位置,可以使用值「end」。如果要刪除Entry元件裡的文字,可以使用delete方法,格式如下:

```
entry.delete(起始索引值, 結束索引值)
```

例如:

```
entry.delete(0, 2)      #刪除前面兩個字元
entry.delete(3, "end")  #刪除第3個字元之後的字元
entry.delete(0, "end")  #刪除全部
```

透過以下的範例,就能更清楚insert方法索引值的妙用。以下例子將建立Entry元件內容,並示範如何輸入及刪除Entry元件裡的文字:

【範例程式:**entry.py**】GUI介面-entry

```
01 # -*- coding: utf-8 -*-
02
03 import tkinter as tk
04 win = tk.Tk()
05 win.title("GUI介面-entry")
06
07 entry = tk.Entry(win, bg="#ffff00", font = "新細明體 16 bold" ,
   borderwidth = 3)
08 entry.insert(0,"天天")
09 entry.insert("2","青春永駐")
10 entry.insert("end"," 莫忘初心")
11 entry.delete(0, 2) #刪除前面兩個字元
12 entry.pack(padx=20, pady=10)
```

```
13
14 win.mainloop()
```

【執行結果】

【程式碼解析】

- 第7行：建立Entry文字方塊元件。
- 第8行：將字串「天天」放在索引0的位置。
- 第9行：將字串「青春永駐」放在索引2的位置，所以Entry元件裡的文字變成「天天青春永駐」。
- 第10行：將「 莫忘初心」字串位置指定在「end」，表示放在字串最末端，所以Entry元件的文字變成「天天青春永駐 莫忘初心」。
- 第11行：刪除前面兩個字元，所以Entry元件的文字變成「青春永駐 莫忘初心」。

Tips

假如所建立的Entry控制元件，其寬度為30個字元單位，意指它只能在輸入框中顯示30個字元，因此如果文字行超過30個字元，則需要使用箭頭來移動文字來顯示剩餘的文字。

10-7 文字區塊元件（Text）

Text元件用來顯示或編輯多行文字，包括純文字或具有格式的文件，也可以被用作文字編輯器，允許你用不同的樣式和屬性來顯示和編輯文字，並支援隨時編輯。建立Text元件的語法如下：

元件名稱=tk.Text(容器名稱, 參數1, 參數2,…)

Text元件和Entry元件的屬性有許多相同，較特別的參數有：

參數	說明
borderwidth	設定邊框寬度
state	設定元件內容是否允許編輯，預設值為「tk.NOR-MAL」表示文字元件內容可以編輯；如果參數值為「tk.DISABLED」，表示文字元件內容不可以修改
highlightbackground	將背景色反白
highlightcolor	反白色彩
wrap	換行，預設值wrap=CHAR，表示當文字長度大於文字方塊寬度時會切段單字換行，如果wrap=WORD則不會切斷字；另一個設定值為NONE，表示不會換行

當建立Text元件後，如何使用Text元件的insert方法，可以設定Text元件的預設文字：

insert(索引值, 預設文字)

- 索引值：依索引值插入字串。有三個常數值：INSERT、CURRENT（目前位置）和END（將字串加入文字方塊，並結束文字方塊內容）。
- 預設文字：欲插入文字區塊元件的文字字串。

當建立Text元件後，如果要改變元件的參數設定，可以使用config方法，語法如下：

元件名稱.config(參數1, 參數2, …)

Text元件在預設情況下，可以編輯元件的內容。但是如果將state參數值設為「tk.DISABLED」，表示文字區塊元件的內容就無法編輯修改或加入文字，語法如下：

text.config(state=tk.DISABLED)

接著將示範如何在視窗程式中加入Text多行文字，請參考下例說明：

【範例程式：**text1.py**】Text多行文字

```
01 import tkinter as tk
02 win = tk.Tk()
03 win.title("Text多行文字")
04 win.geometry('300x200')
05 text = tk.Text(win, width = "30", height = "14", bg = "yellow")
06 text.pack()
07 win.mainloop()
```

【執行結果】

　　Text與Entry兩個元件功能非常相近，只不過Entry只能輸入單行文字的輸入框；Text則不同，Text可以讓各位輸入多行的文字。不過Text元件的屬性和Entry元件大多雷同。如果想在已建立的文字方塊設定文字內容，必須呼叫insert()方法，語法如下：

```
insert(index, text)
```

● index：依索引值插入字串。有三個常數值：INSERT、CURRENT（目前位置）和END（將字串加入文字方塊，並結束文字方塊內容）。
● text：欲插入的字串。

10-8 捲軸元件（Scrollbar）

　　捲軸元件常被使用在文字區域（Text）、清單方塊（Listbox）或是畫布（Canvas）等元件，要在這些元件中建立及顯示捲軸，並幫助使用者瀏覽資料，語法如下：

Scrollbar(父物件, 參數1=設定值1, 參數2=設定值2,…)

Tips

　　清單方塊（Listbox）會出現下拉式選單，並且呈現使用者可以從中選取的項目清單。畫布元件（Canvas）可以用來繪圖，包括線條、幾何圖形或文字等，由於Canvas元件具有畫布功能，能藉由滑鼠的移動做基本繪製。

　　以下參數都是選擇性參數，下表為較常用的參數：

屬性	說明
background	設背景色，可以「bg」取代
borderwidth	定框線粗細，可以「bd」取代
width	元件寬度
command	移動捲軸時，會呼叫此參數所指定函數來作為事件處理程式
highlightbackground	反白背景色彩
highlightcolor	反白色彩
activebackground	當使用滑鼠移動捲軸時，捲軸與箭頭的色彩
orient	預設值＝VERTICAL，代表垂直捲軸，orient＝HORIZONTAL，代表水平捲軸

　　下例將示範如何在視窗程式中加入ScrollBar捲軸：

【範例：**scrollbar1.py**】ScrollBar（捲軸）

```
01 import tkinter as tk
02 win = tk.Tk()
03 win.title("ScrollBar捲軸")
```

```
04  win.geometry('300x200')
05  text = tk.Text(win, width = "30", height = "5")
06  text.grid(row = 0, column = 0)
07  scrollbar = tk.Scrollbar(command = text.yview, orient = tk.
    VERTICAL)
08  scrollbar.grid(row = 0, column = 1, sticky = "ns")
09  text.configure(yscrollcommand = scrollbar.set)
10  win.mainloop()
```

【執行結果】

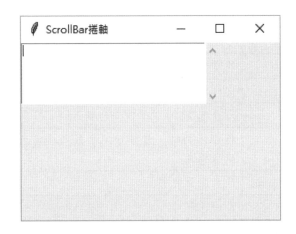

【程式碼解析】

● 第06行：透過grid()以行列的放置將Text元件置左。

● 第07行：透過事件綁定，使得Scrollbar得以在Text元件的y軸進行滑動事件以及設定滾輪位置。

● 第08行：將scrollbar對齊Text元件並使用sticky指定對齊方式。

● 第09行：最後，Text元件再將該其位置反饋給Scrollbar。

註：剛開始畫面上不會出現滾輪軸可進行滑動的動作。

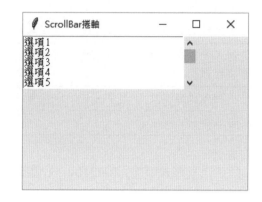

10-9 單選按鈕元件（Radiobutton）

在網路上填寫資料時，經常會看到性別的選項只能二擇一，而這正是因為使用Radiobuuton的關係。當使用者在填寫時，只能夠從多種選擇當中選擇其中一項。單選按鈕元件（Radiobutton）只能單選，無法多選，常常在由很多內容選項組成的選項列表提供使用者選擇時會用到，例如詢問一個人的國籍、性別、膚色等，這些選項中只能選其中一個，不能進行多重選擇。要建立Radiobutton的語法如下：

元件名稱=tk.Radiobutton(容器名稱,參數1, 參數2,….)

Radiobutton（單選按鈕）常用的參數如下：

屬性	說明
font	設定字型
height	元件高度
width	元件寬度

屬性	說明
text	元件中的文字
variable	元件所連結的變數，可以取得或設定目前的選取按鈕
value	設定使用者點選後的選項按鈕的值，利用這個值來區分不同的選項按鈕
command	當選項按鈕被點選後，會呼叫這個參數所設定的函數
text variable	用來存取按鈕上的文字

接著就來看如何在視窗程式中加入RadioButton選項按鈕：

【範例：**radiobutton1.py**】選項按鈕

```
01 import tkinter as tk
02 win = tk.Tk()
03 win.title("RadioButton選項按鈕")
04 win.geometry('300x200')
05 male = tk.Radiobutton(win, tcxt = "男", value = 1)
06 male.pack()
07 female = tk.Radiobutton(win, text = "女", value = 2)
08 female.pack()
09 win.mainloop()
```

【執行結果】

【範例：**Radiobutton.py**】GUI介面－Radiobutton

```
01 from tkinter import *
02 wnd = Tk()
03 wnd.title('GUI介面-Radiobutton')
04 def select():
05     print('你的選項是 :', var.get())
06 ft = ('標楷體', 14)
07 Label(wnd,
08     text = "請選擇喜愛的景點: ", font = ft,
09     justify = LEFT, padx = 20).pack()
10 place = [('宜蘭', 1), ('台北', 2),
11         ('高雄', 3)]
12 var = IntVar()
13 var.set(3)
14 for item, val in place:
15     Radiobutton(wnd, text = item, value = val,
16         font = ft, variable = var, padx = 20,
17         command = select).pack(anchor = W)
```

【執行結果】

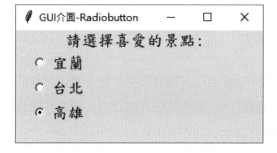

【程式碼解析】

- 第4～5行：定義select()函數。
- 第12、13行：將被選的單選按鈕以IntVar()方法來轉為數值，再以set()方法指定第三個單選按鈕為預設值。
- 第14～17行：以for迴圈來產生單選按鈕並讀取place串列的元素，並利用屬性variable來取得變數值後，再透過commnad來呼叫函數來顯示目前是哪一個單選按鈕被選取。

10-10 PhotoImage類別

上一節談到的單選按鈕元件旁邊是以文字方式來說明該元件的功能，其實我們也可以在單選按鈕元件旁邊直接擺上美美的圖片。如果想在視窗內加入圖片，可以透過PhotoImage類別，其語法如下：

```
PhotoImage(file="圖檔路徑及圖檔名稱")
```

其中的圖檔格式可以有GIF、PGM或PPM等格式。例如：

```
img=PhotoImage(file="animal.gif")
```

以下的例子將示範如何在視窗介面中載入圖片的作法，這個例子可以讓使用者選擇一張圖片，並以訊息方塊的方式簡介該圖片的特性。

【範例程式：PhotoImage.py】 GUI介面—訊息方塊

```
01 from tkinter import *
02 from tkinter import messagebox
```

```
03
04 def more():
05     if choice.get()==0:
06         str1="牛是對少部分牛科動物的統稱 \n\
07             包括和人類習習相關的黃牛、水牛和氂牛"
08         messagebox.showinfo("cattle的簡介",str1)
09     else:
10         str2="鹿有別於牛、羊等的動物。 \n \
11             包括麝科和鹿科動物"
12         messagebox.showinfo("deer的簡介",str2)
13
14 win = Tk()
15 lb=Label(win,text="請點選想了解的動物簡介:").pack()
16 choice=IntVar()
17 choice.set(0)
18 pic1=PhotoImage(file="cattle.gif")
19 pic2=PhotoImage(file="deer.gif")
20 Radiobutton(win,image=pic1,variable=choice,value=0).pack()
21 Radiobutton(win,image=pic2,variable=choice,value=1).pack()
22 Button(win,text="進一步了解", command=more).pack()
23
24 win.mainloop()
```

【執行結果】

① 選取第一張圖片再按「進一步了解」鈕，會出現下圖對話訊息方塊。

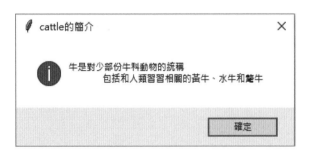

② 選取第二張圖片再按「進一步了解」鈕，會出現下圖對話訊息方塊。

【程式碼解析】

● 第18〜19行：建立圖檔物件。

● 第20〜21行：建立選項按鈕，並以指定圖片代替文字。

● 第22行：當按下按鈕時，並指定more()作為事件處理函數。

10-11 核取按鈕元件（Checkbutton）

　　Checkbutton元件的表現與Radiobutton元件（單選按鈕）完全不同，可以讓使用者做多重選擇或全部不選。常常在由很多內容選項組成的選項列表提供使用者選擇時會用到，使用者一次可以選擇多個。例如我們可以利用核取按鈕元件來問使用者喜歡哪些水果、運動、明星、書籍類型等可以複選的問題。只要點選Checkbutton元件，就會出現打勾的符號，再點選一次，打勾符號就會消失，建立核取按鈕的語法如下：

元件名稱=tk.Checkbutton (容器名稱,參數1,參數2,…)

　　Checkbutton常用的參數如下：

屬性	說明
background（或bg）	設背景色
height	元件高度
width	元件寬度
text	元件中的文字
variable	元件所連結的變數，可取得或設定核取按鈕元件的狀態
command	當選項按鈕被點選後，會呼叫這個參數所設定的函數
textvariable	存取核取按鈕元件的文字

核取方塊有勾選和未勾選兩種狀態：

● 勾選：以預設值「1」表示；使用屬性onvalue來改變其值。

● 未勾選：設定值「0」表示；使用屬性offvalue變更設定值。

以下例子設計一個食物選項菜單，讓使用者勾選想購買的品項：

【範例程式：**Checkbutton.py**】GUI介面－Checkbutton

```
01 from tkinter import *
02 wnd = Tk()
03 wnd.title(' GUI介面- Checkbutton 核取方塊')
04
05 def check(): #回應核取方塊變數狀態
06     print('選取的炸物有:', var1.get(), var2.get()
07         ,var3.get())
08
09 ft1 =('新細明體', 14)
10 ft2 = ('標楷體', 18)
11 lb1=Label(wnd, text = '請勾選要買的品項：', font = ft1)
12 lb1.grid(row = 0, column = 0)
13 item1 = '炸雞排'
14 var1 = StringVar()
15 chk = Checkbutton(wnd, text = item1, font = ft1,
```

```
16     variable = var1, onvalue = item1, offvalue = '')
17 chk.grid(row = 1, column = 0)
18 item2 = '高麗菜'
19 var2 = StringVar()
20 chk2 = Checkbutton(wnd, text = item2, font = ft1,
21     variable = var2, onvalue = item2, offvalue = '')
22 chk2.grid(row = 2, column = 0)
23 item3 = '炸花枝'
24 var3 = StringVar()
25 chk3 = Checkbutton(wnd, text = item3, font = ft1,
26     variable = var3, onvalue = item3, offvalue = '')
27 chk3.grid(row = 3, column = 0)
28
29 btnQuit = Button(wnd, text = '離開', font = ft2,
30     command = wnd.destroy)
31 btnQuit.grid(row = 2, column = 1, pady = 4)
32 btnShow = Button(wnd, text = '購買明細', font = ft2,
33     command = check)
34 btnShow.grid(row = 2, column = 2, pady = 4)
35 mainloop()
```

【執行結果】

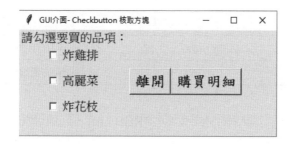

【程式碼解析】

- 第5~7行：定義check()函數回應核取方塊變數狀態。
- 第13行：設定變數item1來作為核取方塊的屬性text、onvalue的屬性值。
- 第14行：將變數var1轉為字串，並指定給屬性variable使用，藉以回傳核取方塊「已核取」或「未核取」的回傳值。
- 第15~16行：產生核取方塊，並設定onvalue、offvalue屬性值。
- 第32~33行：呼叫check()方法做回應。

10-12 調色盤方塊（colorchooser）

colorchooser元件提供色彩的選擇，askcolor()方法可產生標準對話方塊，以調色盤供顏色的選擇，語法如下：

```
colorchooser.askcolor([color [,options]])
```

- color：設定色彩。
- options：選項參數。

選項	型別	說明
initalcolor	color	以RGB為主的顏色
title	string	檔案對話方塊標題

askcolor()方法會以tuple物件回傳RGB的值，回傳值如下：

```
((0.0, 128.5, 255.99609375), '#0080ff ')
```

【範例程式：**colorchooser.py**】GUI介面—調色盤方塊(colorchooser)

```
01 from tkinter import *
02 from tkinter import colorchooser
03
04 #調色盤方塊呼叫askcolor()方法讓使用者作顏色選取
05 def SelectColor():
06     tint = colorchooser.askcolor(title = '調色盤',
07         initialcolor = '#FF88CC')
08     rgbs = tint[0]
09     print('R: {:.3f}'.format(rgbs[0]))
10     print('G: {:.3f}'.format(rgbs[1]))
11     print('B: {:.3f}'.format(rgbs[2]))
12     print('色彩16進位值:', tint[1])
13 #建立視窗物件
14 wnd = Tk()
15 wnd.title('提供色彩的colorchooser')
16 wnd.geometry('90x50+10+10')
17 #視窗物件加入按鈕
18 Button(text='調色盤', command = SelectColor).pack(
19     side = 'bottom')
20 mainloop()
```

【執行結果】

　　調色盤視窗外觀如下：

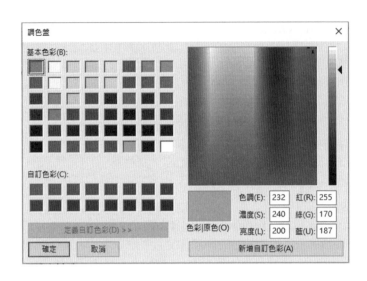

選定好想要的色彩後,按下「確定」鈕就會輸出如下的結果:

```
R: 255.996
G: 0.000
B: 0.000
色彩16進位值: #ff0000
```

- 第5~12行:定義方法SelectColor(),用來回應「調色盤」鈕被按時,屬性command所呼叫的方法。
- 第8~12行:取得的顏色值會以tuple物件儲存,分別讀取tuple元素,再做輸出。

10-13 功能表元件（Menu）

功能表元件通常位於視窗標題列下方,用來實現下拉式和彈出式選單,將操作的相關指令集結,只要使用者去按某個指令就能執行相關程序,接著點下選單會彈出一個選項列表,使用者可以從中選擇。Menu提供使用者設計選單功能時可用到，不過Menu元件只能產生功能表的骨架，還必須配合Menu元件的相關方法。

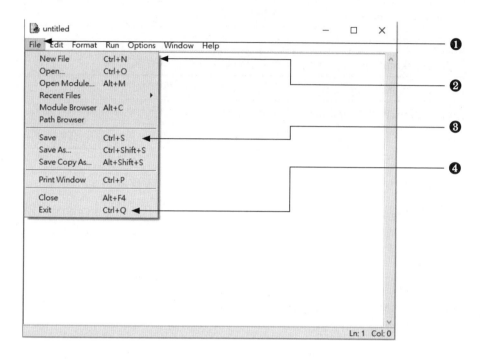

①主功能表項目：上圖所看到的File、Edit、Format皆是，要產生主功能表項目，Menu元件的add_cascade()方法能協助。

②下拉式選單項目（或第二層功能表）：有了主功能表項目之後，才能進行下拉式選單項目，必須呼叫add_command()方法來處理。

③分隔線：可呼叫add_separator()方法加入分隔線。

④快速鍵：以Accelerator key表示，依據其設定值，就能快速執行某個指令。

　　下表列出Menu元件有關的方法：

方法	說明
activate(index)	動態方法
add(type, **options)	增加功能表項目
add_cascade(**options)	新增主功能表項目
add_checkbutton(**options)	加入checkbutton(核取方塊)
add_command(**options)	以按鈕形式新增子功能表項目
add_radiobutton(**options)	以單選按鈕形式新增子功能表項目
add_separator(**options)	加入分隔線，用於子功能表的項目之間

至於如何使用menu元件來產生功能表，請參考步驟說明：

步驟1：先建立主視窗，再把Menu元件放入主視窗中，並以menubar來儲存。

```
root = Tk()#建立主視窗物件
menubar = Menu(root)#將Menu元件加入主視窗，產生功能表骨架
```

步驟2：將功能表物件menuBar布置到主視窗的頂部，並顯示於畫面。

```
root.config(menu = menuBar)#顯示功能表
```

步驟3：加入主功能表項目。

```
menu_file = Menu(menuBar, tearoff = 0) #加入主功能表項目
```

步驟4：呼叫add_cascade()方法產生主功能項目實體，其中label參數是功能表名稱，例如此處設定為「檔案」功能表，再將menu_file指派給menu參數。

```
menuBar.add_cascade(label = '檔案', menu = menu_file)
```

步驟5：加入下拉式選單的項目：呼叫**add_command()**方法以按鈕形式產
　　　　　生下拉式選單的項目，其中參數command要有回應方法，其中
　　　　　Open為自訂函數的名稱。

```
filemenu.add_command(label = '開始', command = Open)
```

> **Tips**
>
> 　　步驟3中參數tearoff設定爲「1」時，會在下拉式選單的第一個項
> 目上方加一條橫虛線。將參數tearoff設定爲「0」就不會有此橫虛線。

　　以下就來示範如何以Menu元件建置功能表。這個視窗應用程式包括
三個主功能表：檔案、字體大小、版權宣告，如下圖所示：（Menu.py）

各主功能表的選項清單如下，請注意，在「檔案」功能表清單中，每一個項目都要加入快速鍵的操作提示：

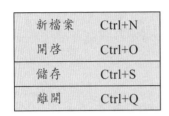

「檔案」功能表　　　　「字體大小」功能表　　　「版權宣告」功能表

當執行「檔案 / 新檔案」指令，會出現下圖的訊息視窗：

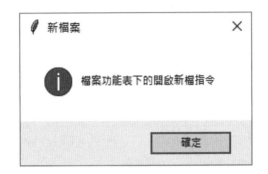

當執行「檔案 / 開啟」指令，會出現下圖的訊息視窗：

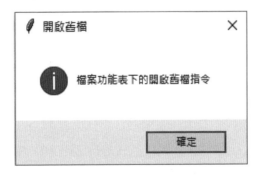

當執行「檔案 / 儲存」指令，會出現下圖的訊息視窗：

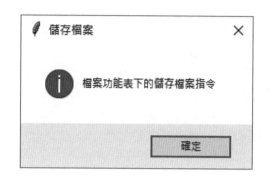

當執行「檔案 / 離開」指令，會結束視窗程式的執行。

當選擇「字體大小」其中一個選項時，會出現勾選狀態，例如以下為勾選「中」級字體的外觀：

當執行「版權宣告 / 原創者聲明」指令，會出現下圖的訊息視窗：

CHAPTER

10

【範例程式：**Menu.py**】GUI介面－Menu

```
01 # 以Menu元件建置功能表
02 from tkinter import *
03 from tkinter import messagebox
04
05 # 定義回應函式
06 def New():
07     messagebox.showinfo('新檔案',
08         '檔案功能表下的開啓新檔指令')
09
10 def Open():
11     messagebox.showinfo('開啓舊檔',
12         '檔案功能表下的開啓舊檔指令')
13
14 def Save():
15     messagebox.showinfo('儲存檔案',
16         '檔案功能表下的儲存檔案指令')
17
18 def Copyright():
19     messagebox.showinfo('版權宣告',
20         '我的第一支含視窗功能表程式－使用Python語言撰寫')
21
22
23 wnd = Tk()#主視窗物件
24 wnd.title('GUI介面-Menu')
25
26 # 1.產生功能表物件menuBar
27 menuBar = Menu(wnd)
28
29 # 2.將功能表物件menuBar布置到主視窗的頂部
30 wnd.config(menu = menuBar)
```

```
31
32 # 3.加入主功能表項目
33 menu_file = Menu(menuBar, tearoff = 0)
34 menu_font = Menu(menuBar, tearoff = 0)
35 menu_help = Menu(menuBar, tearoff = 0)
36
37 # 4. 產生主功能項目實體
38 menuBar.add_cascade(label = '檔案', menu = menu_file)
39 menuBar.add_cascade(label = '字體大小', menu = menu_font)
40 menuBar.add_cascade(label = '版權宣告', menu = menu_help)
41
42 # 5-1. 加入'檔案'功能表下拉選單
43 menu_file.add_command(label = '新檔案',
44      underline = 1, accelerator = 'Ctrl+N',
45      command = New)
46 menu_file.add_command(label = '開啟',
47      underline = 1, accelerator = 'Ctrl+O',
48      command = Open)
49 menu_file.add_separator()#加入分隔線
50 menu_file.add_command(label = '儲存',
51      underline = 1, accelerator = 'Ctrl+S',
52      command = Save)
53 menu_file.add_separator()#加入分隔線
54 menu_file.add_command(label = '離開',
55      underline = 1, accelerator = 'Ctrl+Q',
56      command = lambda : wnd.destroy())
57
58 # 5-2. 加入'字體大小'功能表下拉選單
59 labels = ('大', '中', '小')
60 for item in labels:
61      menu_font.add_radiobutton(label = item)
62
```

CHAPTER

10

```
63 # 5-3. 加入'版權宣告'功能表下拉式選單
64 menu_help.add_command(label = '原創者聲明', command =
Copyright)
65
66 mainloop()
```

【執行結果】

【程式碼解析】

● 第6～20行：定義回應函式，回應功能表中下拉式項目為command
時所呼叫的函式，這些函式包括：New()、Open()、Save()及
Copyright()。

● 第27行：將menu元件加入視窗物件中，並以變數menuBar儲存這個
功能表物件。

- 第30行：由主視窗物件wnd呼叫config()將功能表物件指派給menu參數之後，再將功能表物件布置到主視窗的頂部。

- 第33～35行：先產生主功能表項目menu_file，再以Menu元件的建構函數將它加入功能表物件menuBar，並設tearoff之值爲零，才不會在下拉式選單的第一個項目上方多出一條橫虛線。其他兩個主功能表物件menu_font和menu_help亦同。

- 第38～40行：有了主功能表物件後，再以add_cascade()方法，以參數lable設定功能表的顯示名稱，參數command則呼叫名稱爲該設定值的自訂函數。

- 第43～56行：爲「檔案」功能表加入下拉式選單的項目。由menu_file物件呼叫add_command()方法以按鈕形式加入，並以accelerator設定快速鍵的開啓方式。

- 第49、53行：menu_file物件呼叫add_separator()，將下拉式選單的項目做分隔。

- 第59～61行：爲「字體大小」功能表加入下拉式選單的項目，但以add_radiobutton()方法產生，由於是單選鈕形式，各選項間只能擇一勾選核取。

- 第64行：加入「版權宣告」功能表下拉式選單。

10-14 上機綜合練習

以下範例放置了兩個按鈕，當按下第1個按鈕時會更換按鈕上的文字；點擊第2個時會變更按鈕上文字的背景顏色。請注意，每一個button元件同樣都必須要指定它的版面配置方式。

分別按下兩個按鈕後，會產生如下圖的執行外觀：

　　按鈕1的command參數指定的函數是「bless」；按鈕2的command
參數指定的函數是「changecolor」，當按下按鈕時就會去呼叫指定的函
數。

解答：button.py

2. 以下程式為示範如何在文字方塊中加入各種不同文字的方式。

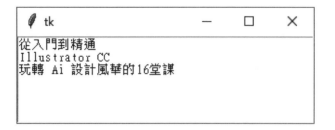

　　解答：text.py

3. 以下程式範例會在視窗右側出現捲軸，只要用滑鼠拖曳捲軸往下，就可
   以看到下方的文字內容。

解答：scrollbar.py

4. 請設計一個程式，將3個按鈕利用pack方法加入視窗，其中按鈕元件中
   的width屬性是指按鈕元件的寬度，而text屬性為按鈕上的文字。

解答：pack1.py

本章課後習題

一、填充題

1. _____程式的作用在於會一直觸發並處理著事件，直到視窗被關閉為止。

2. Tk擁有的三種特性：_____、_____、_____。

3. _____指使用圖像化的介面並顯示在電腦上，提供使用者有個簡潔明瞭的操作模式。

4. _____元件可以看成類似HTML單行文字的輸入框。

5. _____元件不僅可輸入多行的文字，也能夠接受只輸入單單幾行文字。

二、問答與實作題

1. 視窗操作模式與文字模式最大的不同點？

2. 試簡述事件處理的運作機制。

3. 請說明grid版面布局的元件擺放規則。

4. 請配對下列各元件的功能說明。

　　(A) Label　　　　　　　①主要被使用於指令

　　(B) Button　　　　　　②在單行的文字方塊中輸入簡單的資料

　　(C) Entry　　　　　　　③用來顯示或編輯多行文字

　　(D) Text　　　　　　　④用來顯示唯讀的文字敘述

5. 請寫出下列程式碼第4行建立主視窗架構的語法。

```
01 # -*- coding: utf-8 -*-
02
03 import tkinter as tk
04 win = _____
```

```
05 win.geometry("400x400")
06 win.title("這是我的第一支用Python寫的視窗程式")
07 win.mainloop()
```

6. 請參考本章中grid方法設計如下的執行外觀。

加法範例	乘法範例
減法範例	除法範例

7. 請設計如下的視窗執行外觀。

8. Python使用tkinter套件，該如何匯入套件？

9. 若以import tkinter寫法，如底下程式敘述：

```
01 import tkinter
02 win = Tk()
03 win.title("測試")
04 win.geometry('300x200')
05 button = Button(win, text = "測試按鈕")
06 button.pack()
07 label = Label(win, text = "測試測試")
08 label.pack()
09 win.mainloop()
```

這樣是否可正常運作？如無法正常運作，又該如何修改呢？為什麼？

10. 請說明tkinter有哪幾種布局方式。

11. 要改變button元件上的文字內容或變更屬性（文字顏色、底色、寬、高、字型等等），有哪兩種做法？

12. 請問Entry元件及Text元件都可以讓使用者輸入資料，但兩者間有何最大的不同點？

13. 選項元件有哪兩種？兩者在功能上有何不同？

14. 捲軸（Scrollbar）通常被使用在哪幾種元件中？請至少舉出兩種。

第十一章

2D 視覺化統計圖表

　　Python在分析的領域表現優秀，爲了讓分析出來的數據化繁爲簡且更容易閱讀，因此製作「統計圖表」的功能當然不能少。Matplotlib套件是Python相當受歡迎的2D繪圖程式庫（plotting library），其包含大量的模組，利用這些模組就能建立各種統計圖表。

11-1 認識Matplotlib套件

　　我們知道Matplotlib是一個強大的2D繪圖程式庫，只需要幾行程式碼就能輕鬆產生各式圖表，例如直條圖、折線圖、圓餅圖、散點圖等應有盡有。這章我們就來看看如何將繁雜的數據轉化爲圖形化的統計圖表，Matplotlib套件能製作的圖表有非常多種，礙於本書篇幅有限，僅能針對常用圖表做介紹，您可以前往官網（網址：https://matplotlib.org/）並進入examples網頁，即可查看所有圖表範例。

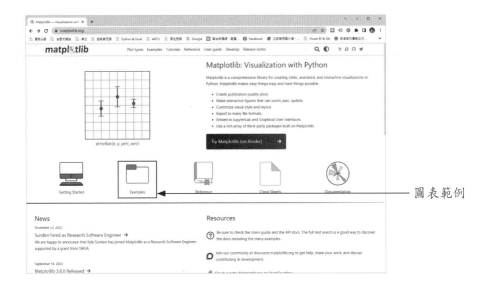

右側標註：圖表範例

請在上圖網頁點擊「examples」連結會進入Gallery頁面，上頭根據圖形種類清楚分類，而且每個分類都有圖表縮圖，想要製作哪一種圖表，只要點擊圖形就可以看到該圖表的簡介及程式碼。

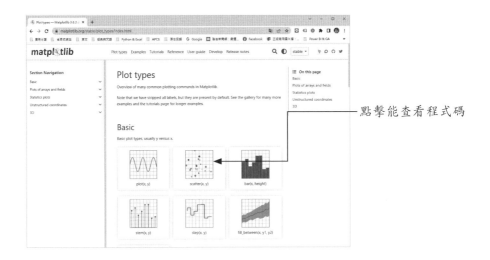

右側標註：點擊能查看程式碼

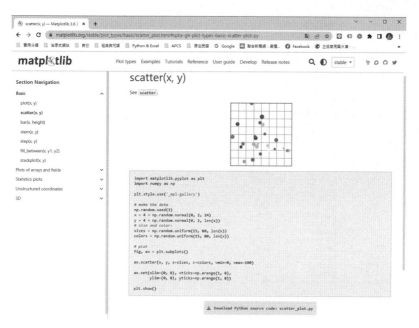

該圖表的簡介及程式碼

11-1-1 Matplotlib安裝

　　Matplotlib模組常與NumPy套件一起使用，安裝這兩個套件最簡單的方式就是安裝Anaconda套件包，通常安裝好Anaconda之後常用的套件會一併安裝，也包含Matplotlib以及NumPy套件，您可以使用pip list或conda list指令查詢安裝的版本。

```
命令提示字元                                          —    □    ×

Microsoft Windows [版本 10.0.19044.2486]
(c) Microsoft Corporation. 著作權所有，並保留一切權利。

C:\Users\User>pip list
Package          Version
---------------- ---------
comtypes         1.1.14
contourpy        1.0.6
cycler           0.11.0
et-xmlfile       1.1.0
fonttools        4.38.0
Jinja2           3.1.2
kiwisolver       1.4.4
MarkupSafe       2.1.1
matplotlib       3.6.2
numpy            1.23.4
openpyxl         3.0.10
packaging        21.3
pandas           1.5.1
Pillow           9.3.0
pip              22.3.1
prettytable      3.5.0
pycharts         0.1.5
pyecharts        1.9.1
pyparsing        3.0.9
pypiwin32        223
python-dateutil  2.8.2
pytz             2022.6
pywin32          304
setuptools       65.5.0
simplejson       3.17.6
six              1.16.0
sklearn          0.0.post1
wcwidth          0.2.5
xlwings          0.28.5

C:\Users\User>_
```

　　如果列表裡沒有Matplotlib以及NumPy套件，請執行下列指令完成安裝。

```
pip install matplotlib
pip install numpy
```

11-1-2 Matplotlib基本繪圖方法

　　Matplotlib可以繪製各式的圖表，首先我們以較常用的折線圖來說明Matplotlib基本繪圖的方法，學會了基本繪圖方式之後，其它圖形的繪製指令都大同小異，將會更容易上手。折線圖（line chart）是使用matplotlib的pyplot模組，使用前必須先匯入，由於pyplot物件經常會使用

到，我們可以建立別名方便取用。下式匯入matplotlib.pyplot模組並指定
別名為plt。

> import matplotlib.pyplot as plt

　　以pyplot模組繪製基本的圖形非常快速而且簡單，使用步驟與語法如
下：
① 設定x軸與y軸要放置的資料串列：plt.plot(x,y)
② 設定圖表參數：例如x軸標籤名稱 plt.xlabel()、y軸標籤名稱plt.
　 ylabel()、圖表標題plt.title()
③ 輸出圖表：plt.show()
　　底下就以連續兩年每季股票的短線獲利績效的資料來繪製最基本的折
線圖：

【範例程式：**lineChart.py**】繪製每季股票的短線獲利績效折線圖

```
1   # -*- coding: utf-8 -*-
2
3   import matplotlib.pyplot as plt
4
5   x=[1,2,3,4,5,6,7,8]
6   y=[50000,45000,37647,8776,88474,12344,90870,102343]
7   plt.plot(x, y, marker='.')
8   plt.xlabel('季')
9   plt.ylabel('獲利績效')
10  plt.title('連續兩年股票短線操作的獲利績效')
11  plt.rcParams['font.sans-serif'] = ['Microsoft Jhenghei']
12  plt.rcParams['axes.unicode_minus'] = False
13  plt.show()
```

【執行結果】

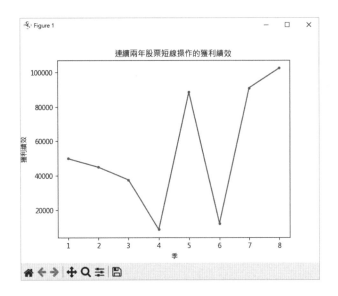

程式使用了plt的plot方法來繪圖，語法如下：

```
plt.plot([x], y, [fmt])
```

其中參數x與y是座標串列，x與y的元素個數要相同才能繪製圖形，x可省略，如果省略的話，Python會自己加入從0開始的串列來對應([0, 1, 2, ..., n1])。參數fmt是用來定義格式，例如標記樣式、線條樣式等等，可省略（預設是藍色實線）。

範例中x軸為季，y軸為獲利績效，xlabel()、ylabel()是用來設定標籤名稱，title()則是圖表標題，最後呼叫show方法繪出圖表（ipython不需要plt.show()也可以顯示圖表）。另外Matplotlib中的圖表會開啟在標題為Figure#的視窗，編號是從1開始。

了解Matplotlib基本的用法之後，底下章節會再進一步介紹Matplotlib

常用的幾種圖表，在這之前先來介紹如何改變圖表的線條寬度、顏色以及為樣本加上標記圖示。

11-1-3 Matplotlib的樣式屬性設定

　　使用Matplotlib模組圖表繪製的過程中經常會需要設定color（顏色）、linestyle（線條）與marker（標記圖示）這三種屬性，Matplotlib貼心地提供幾種快速設定的方式可以使用，底下就來介紹這些屬性的設定方式。

▉ color屬性

　　基本上指定色彩的方法Matplotlib幾乎都可以使用，不管是使用色彩的英文全名、HEX（十六進位碼）、RGB或RGBA都可以，Matplotlib也針對8種常用顏色提供單字縮寫可方便快速取用，下表整理8種常用顏色的各種表示法，供讀者參考。

顏色	英文全名	HEX	RGB	RGBA	顏色縮寫
藍色	blue	#0000FF	(0,0,1)	(0,0,1,1)	b
綠色	green	#00FF00	(0,1,0)	(0,1,0,1)	g
紅色	red	#FF0000	(1,0,0)	(1,0,0,1)	r
藍綠色	cyan	#00FFFF	(0,1,1)	(0,1,1,1)	c
洋紅色	magenta	#FF00FF	(1,0,1)	(1,0,1,1)	m
黃色	yellow	#FFFF00	(1,1,0)	(1,1,0,1)	y
黑色	black	#000000	(0,0,0)	(0,0,0,1)	k
白色	white	#FFFFFF	(1,1,1)	(1,1,1,1)	w

　　舉例來說，若前面的範例lineChart.py想把圖形的線條顏色改為黃色，可以如下表示：

```
plt.plot(x, y, color='y')  #顏色縮寫
plt.plot(x, y, color=(1,1,0))  #RGB
plt.plot(x, y, color='# FFFF00')  #HEX
plt.plot(x, y, color=' yellow ')  #英文全名
```

color屬性也可以直接使用0～1的浮點數指定灰度級別，例如：

```
plt.plot(x, y, color='0.5')
```

■ linewidth與linestyle屬性

linewidth屬性是用來設定線條寬度，可縮寫為lw，值為浮點數，預設值為1，舉例來說，想要將線條寬度設為8，可以如下表示：

```
plt.plot(x, y, lw=8)
```

linestyle屬性是用來設定線條的樣式，可以簡寫為ls，預設為實線，可以指定符號或是書寫樣式全名，常用的樣式請參考下表。

線條樣式	符號	全名	圖形
實線	-	solid	————————————————
虛線	--	dashed	- - - - - - - - - - - - - - -
虛點線	-.	dashdot	-·-·-·-·-·-·-·-·-·-·-·-
點線	:	dotted	·································

舉例來說，想要將線條樣式設為虛線，可以如下表示：

```
plt.plot(x, y, ls='--')
```

■ marker標記圖示

marker屬性是用來設定標記樣式，常用的圖示請參考下表。

符號	標記圖示	說明
.	●	小圓
o	●	圓形（小寫英文字母o）
v	▼	倒三角
^	▲	三角形
<	◀	左三角
>	▶	右三角
8	⬣	八角形
s	■	方形
*	★	星形
x	✕	X字
X	✖	填色X
D	◆	菱形
d	◆	菱形
|	|	垂直線
0	—	左刻度
1	—	右刻度
2	|	上刻度
3	|	下刻度

舉例來說，想要設定樣本標記圖樣爲方形，可以如下表示：

```
plt.plot(x, y, marker='s')
```

標記的顏色及尺寸可以由下列屬性設定：

屬性	縮寫	說明
markerfacecolor	mfc	標記顏色
markersize	ms	標記尺寸，值爲浮點數
markeredgecolor	mec	標記框線顏色
markeredgewidth	mew	標記框線寬度

例如想要將標記設爲圓形，尺寸爲10點，顏色設定爲黃色、框線爲綠色，可以如下設定：

```
plt.plot(x, y, marker='o',ms=10, mfc='y', mec='g')
```

執行之後結果會如下圖。（lineChart01.py）

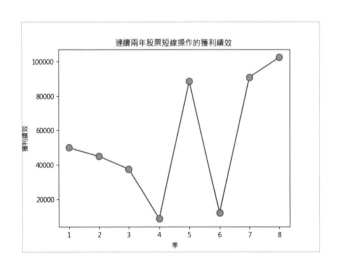

11-2 長條圖

在所有統計圖表中，長條圖（bar chart）算是較常使用的圖表之一，是一種以視覺化長方形的長度爲變量的統計圖表。而長條圖容易看出數據的大小，經常拿來比較數據之間的差異，長條圖是比長短，較爲好懂。折線圖上一節已經介紹過，這一節就來看看長條圖的繪製方法。

11-2-1 繪製垂直長條圖

長條圖（bar chart）又稱爲條狀圖、柱狀圖，長條圖亦可橫向排列，或用多維方式表達。長條圖常用來表示不連續資料，例如成績、人數、業績的比較，或是各地區域降雨量的比較等都非常適合用長條圖的方式來呈現。繪製方式與折線圖大同小異，只要將plot()改爲bar()，Matplotlib的bar語法如下：

```
plt.bar(x, height[, width][, bottom][, align][,**kwargs])
```

參數說明如下：
- x：x軸的數列資料
- height：y軸的數列資料
- width：長條的寬度(預設值：0.8)
- bottom：y座標底部起始值(預設值：0)
- align：長條的對應位置，可選擇center與edge兩種
  'center'：將長條的中心置於x軸位置的中心位置。
  'edge'：長條的左邊緣與x軸位置對齊。
- **kwargs：設定屬性，常用屬性如下表。

屬性	縮寫	說明
color	c	長條顏色
edgecolor	ec	長條邊框顏色
linewidth	lw	長條邊框寬度

　　長條圖繪製方式與折線圖大同小異，只要將plot()改爲bar()，底下我們用下表來練習：

第1學期	第2學期	第3學期	第4學期	第5學期	第6學期	第7學期	第8學期
95.3	94.2	91.4	96.2	92.3	93.6	89.4	91.2

（大學四年各學期的平均分數）

【範例程式：**barChart.py**】大學四年各學期的平均分數長條圖

```
1  # -*- coding: utf-8 -*-
2
3  import matplotlib.pyplot as plt
4
5  plt.rcParams['font.sans-serif'] ='Microsoft JhengHei'
6
7  x = ['第1學期', '第2學期', '第3學期', '第4學期','第5學期', '第6學期', '第7學期', '第8學期']
8  s = [95.3, 94.2,91.4,96.2,92.3, 93.6,89.4,91.2]
9  plt.bar(x, s)
10 plt.ylabel('平均分數')
11 plt.title('大學四年各學期的平均分數')
12 plt.show()
```

【執行結果】

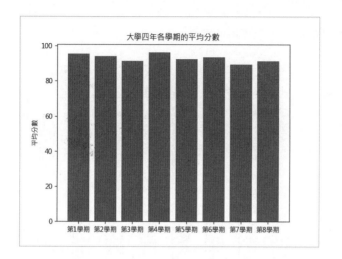

如下式執行之後會得到下方長條圖：（barChart01.py）

```
plt.bar(x, s,width=0.5, align='edge', color='y', ec='b',lw=2)
```

【執行結果】

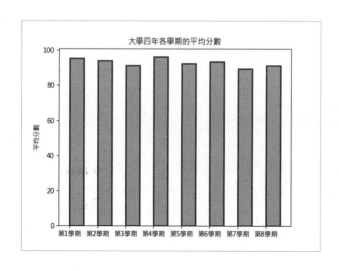

CHAPTER

11

　　範例第5行程式是將Matplotlib的字體改爲微軟正黑體，這是因爲Matplotlib定義的字體並不包含中文字型，所以如果您直接使用中文會出現如下圖的亂碼。（barChart02.py）

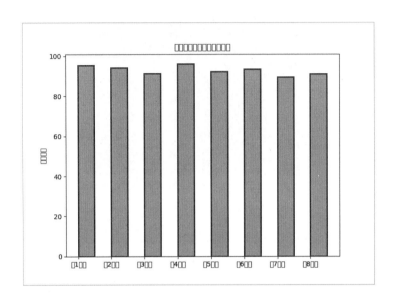

　　解決方式很簡單，只要給Matplotlib指定中文字體就行了。Matplotlib的所有屬性是定義在matplotlibrc文件，包括前面介紹過的線寬、顏色、樣式等等，使用Matplotlib的rcParams方法就可以動態修改屬性值。字型的屬性是font.sans-serif，譬如下式是將字型改成「微軟正黑體」（Microsoft JhengHei）：

```
plt.rcParams['font.sans-serif'] = 'Microsoft JhengHei'
```

　　使用中文字體時如果數列有負值，負號會無法顯示，此時只要加上底下程式就可以了。

```
plt.rcParams['axes.unicode_minus']=False
```

　　除了微軟正黑體，您也可以使用標楷體（DFKai-SB）。其他屬性也可以用同樣的方式設定，譬如修改字體大小可以如下表示：（barChart03.py）

```
plt.rcParams['font.size'] = 15  #預設值10.0
```

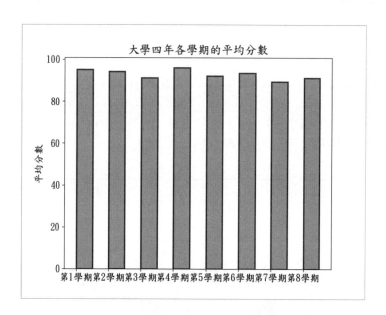

11-2-2 繪製雙長條圖

　　前面繪製折線圖時可以將兩條折線繪製在同一個圖表，長條圖也可以把兩個數據放在一起比較，我們來看看如何操作：

【範例程式：**barCharDouble.py**】系際盃籃球友誼賽雙長條圖比較表

```
1    # -*- coding: utf-8 -*-
2
```

```
3   import matplotlib.pyplot as plt
4   import numpy as np
5   plt.rcParams['font.sans-serif'] ='Microsoft JhengHei'
6
7   x=['數學系', '化學系', '電工系', '食品系']
8   s1,s2 = [86, 75, 102, 67], [94, 80, 93, 72]
9
10  index = np.arange(len(x))
11  width=0.35
12  plt.bar(index - width/2, s1, width, color='y')
13  plt.bar(index + width/2, s2, width, color='b')
14  plt.xticks(index, x)
15  plt.legend(['第一次友誼賽','第二次友誼賽'])
16
17  plt.ylabel('分數')
18  plt.title('系際盃籃球友誼賽總表')
19  plt.show()
```

【執行結果】

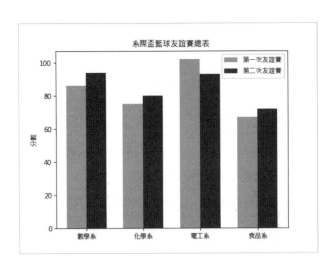

　　範例中指令的兩組數列，分別是s1與s2，另外我們可以利用NumPy的arange()方法取得x軸位置，arange()就類似Python的range()，只是arange()回傳的是array；range()返回的是list。arange()語法如下：

```
np.arange([start,]stop[,step][,dtype])
```

　　參數說明如下：
- start：數列的起始值，省略表示從0開始
- stop：數列的結束值
- step：間距，省略則step=1
- dtype：輸出的數列類型，例如int、float、object，不指定會自動由輸入的值判斷類型

　　上述的arange()返回的是ndarray，值是半開區間，包括起始值，但不包括結束值，底下舉4種用法以及其回傳的array。

```
index = np.arange(3.0)  # index = [0. 1. 2.]
index = np.arange(5)  #index =[0 1 2 3 4]
index = np.arange(1,10,2)   #index = [1 3 5 7 9]
index = np.arange(1,9,2)    #index = [1 3 5 7]
```

　　範例第10行np.arange(len(x))中的len(x)是取得x的個數，變數width定義長條的寬度為0.35，s1往左移長條寬一半的距離（width/2），再將s2往右移長條寬度一半的距離，就能將s1與s2數列同時呈現在一個圖表內。

11-3 直方圖

　　在上一節學會了如何繪製長條圖，並展現不同類別數據的比較。直方圖與長條圖一樣都是以條狀圖形來表示，通常直方圖是用來了解數據的分

布，這一節我們就來學習如何繪製直方圖。繪製直方圖的函數是hist()，
語法如下：

```
n, bins, patches = plt.hist(x, bins, range, density, weights, **kwargs)
```

　　hist()的參數很多，除了x之外，其它都可以省略，底下僅列出常用
的參數來說明，詳細參數請參考Matplotlib API（網址：https://matplotlib.
org/api/）。

● x：要計算直方圖的變量

● bins：組距，預設值為10

● range：設定分組的最大值與最小值範圍，格式為tuple，用來忽略較低
　和較高的異常值，預設為（x.min(), x.max()）

● density：呈現概率密度，直方圖的面積總和為1，值為布林（True/False）

● weights：設定每一個數據的權重

● **kwargs：顏色及線條等樣式屬性

　　至於plt.hist()的回傳值有3個：

● n：直方圖的值

● bins：組距

● patches：每個bin裡面包含的數據列表（list）

11-3-1 直方圖與長條圖差異

　　底下兩張圖表，左邊是長條圖（bar chart），右邊是直方圖
（histogram），看起來很類似，實際上是不相同的圖表，先來看看兩者
的差異。

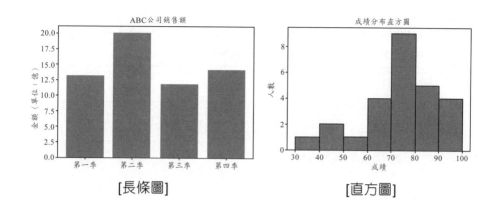

■ 長條圖（bar chart）

x軸是放置「類別變量」，用來比較不同類別資料的差異，因為數據彼此沒有關係，因此長條之間通常會保留空隙不會相連在一起。例如下列資料適合使用長條圖：

● 選舉民調：以候選人為類別
● 各科目的平均成績：以科目為類別
● 每季的銷售額：以季為類別

■ 直方圖（histogram）

x軸是放置「連續變量」，用來呈現連續資料的分布狀況，因為數據有連續關係，通常長條之間會相連在一起。例如：

● 成績分布：以成績區間為類別（0～9、10～19、20～29…、90～100）
● 薪資分布：以薪資區間為類別（0～1萬、1～2萬、2～3萬）

接下來，我們就實際來繪製直方圖看看。

11-3-2 繪製直方圖

譬如底下數列是某議員20個行政區的得票數，我們可以透過直方圖看出成績分布狀況。

```
votes= [1000,2300,3212,2342,5543,3333,1234,6533,7236,7464,5150,210
0,2312,4542,5843,6633,4289,4533,7856,5000]
```

透過範例直接來實作直方圖：

【範例程式：**hist.py**】第一高票議員各行政區得票直方圖分布圖

```
1   # -*- coding: utf-8 -*-
2
3   import matplotlib.pyplot as plt
4
5   plt.rcParams['font.sans-serif'] ='Microsoft JhengHei'
6   plt.rcParams['font.size']=18
7
8   votes= [1000,2300,3212,2342,5543,3333,1234,6533,7236,7464,5150,2
    100,2312,4542,5843,6633,4289,4533,7856,5000]
9
10  plt.hist(votes, bins = [0,1000,2000,3000,4000,5000,6000,7000,8000,
    9000,10000],edgecolor = 'b')
11  plt.title('第一高票議員各行政區得票直方圖分布圖')
12  plt.xlabel('票數級距')
13  plt.ylabel('票數統計')
14  plt.show()
```

【執行結果】

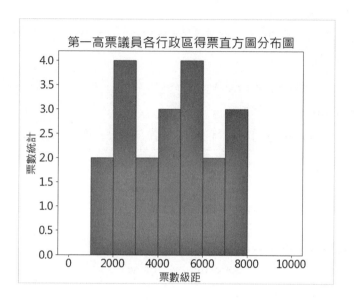

範例中設定bins = [0,1000,2000,3000,4000,5000,6000,7000,8000,9000, 10000]，程式就會依照組距將votes數列元素分組。

各位如果想要在圖上顯示數值，可以善用這兩個回傳值，底下的範例將會使用到plt.text()方法，這個plt.text()方法可以在圖上加上文字，用法如下：

```
plt.text(x, y, s[, fontdict][, withdash][, **kwargs])
```

參數說明如下：

● x, y：文字放置的座標位置

● s：顯示的文字

● fontdict：修改文字屬性，例如：

　bbox=dict(facecolor='red', alpha=0.5) #設定文字邊框

horizontalalignment='center'　#設定水平對齊方式，可簡寫ha，值有
'center'、'right'、'left'

verticalalignment='top'　#設定垂直對齊方式，可簡寫va，值有'center'、
'top'、'bottom'、'baseline'

● withdash：建立的是TextWithDash實體而不是Text實體，值是布林
（True/False），預設為False

【範例程式：**hist01.py**】各行政區得票直方圖分布圖顯示數值

```
1   # -*- coding: utf-8 -*-
2
3   import matplotlib.pyplot as plt
4
5   plt.rcParams['font.sans-serif'] ='Microsoft JhengHei'
6   plt.rcParams['axes.unicode_minus']=False
7   plt.rcParams['font.size']=18
8
9   votes= [1000,2300,3212,2342,5543,3333,1234,6533,7236,7464,5150,2
    100,2312,4542,5843,6633,4289,4533,7856,5000]
10
11  n, b, p=plt.hist(votes, bins = [0,1000,2000,3000,4000,5000,6000,7000,
    8000,9000,10000], edgecolor = 'r')
12
13  for i in range(len(n)):
14      plt.text(b[i]+10, n[i], int(n[i]), ha='center', va='bottom', fontsize=10)
15
16  #plt.hist(votes, bins = [0,1000,2000,3000,4000,5000,6000,7000,8000,
    9000,10000],edgecolor = 'b')
17  plt.title('第一高票議員各行政區得票直方圖分布圖')
18  plt.xlabel('票數級距')
19  plt.ylabel('票數統計')
20  plt.show()
```

【執行結果】

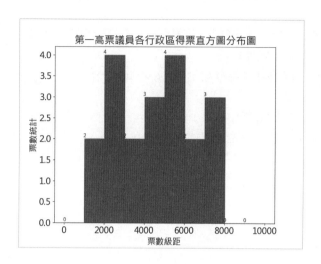

11-4 橫條圖

橫條圖是水平方向的長條圖，一般常用的橫式資料如「A4橫式尺寸」，在這種情況下，用橫條圖就能看得比較清楚。繪製橫條圖語法與bar()大致相同，差別在於width是定義數值而height是設定橫條圖的粗細，圖表的起始值從底部（bottom）改爲左邊改爲（left），語法如下所示：

```
plt.barh(y, width[, height][, left][, align='center'][, **kwargs])
```

【範例程式：**barhChart.py**】大學四年各學期的平均分數橫條圖

```
01  # -*- coding: utf-8 -*-
02
03  import matplotlib.pyplot as plt
04
```

```
05 plt.rcParams['font.sans-serif'] ='Microsoft JhengHei'
06
07 x = ['第1學期', '第2學期', '第3學期', '第4學期','第5學期', '第6學期', '
   第7學期', '第8學期']
08 s = [95.3, 94.2,91.4,96.2,92.3, 93.6,89.4,91.2]
09 plt.barh(x, s)
10 plt.ylabel('平均分數')
11 plt.title('大學四年各學期的平均分數')
12 plt.show()
```

【執行結果】

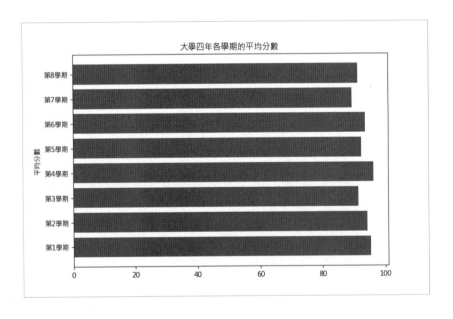

11-4-1 繪製資料數列有負值的橫條圖

另外，如果使用中文，當資料數列有負值時，必須加上將axes.unicode_minus屬性設爲False，請參考底下範例：

【範例程式：**barhCharMinus.py**】各縣市定居淨增加人口數

```
1   # -*- coding: utf-8 -*-
2
3   import matplotlib.pyplot as plt
4
5   plt.rcParams['font.sans-serif'] ='Microsoft JhengHei'
6   plt.rcParams['axes.unicode_minus']=False
7
8   x = ['台中市', '高雄市', '台北市', '新北市', '桃園市', '台南市']
9   s = [3500, 1235, -6514, 4153, 8321, -2765]
10  plt.barh(x, s)
11  plt.ylabel('縣市名稱')
12  plt.xlabel('人數')
13  plt.title('各縣市定居淨增加人口數')
14
15  plt.show()
```

【執行結果】

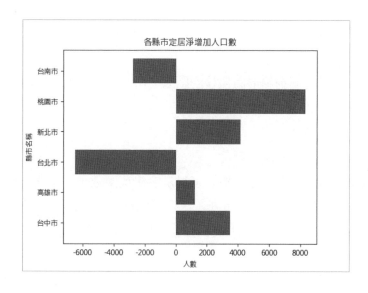

11-5 圓形圖與多幅圖形顯示

　　圓形圖（又稱爲餅圖或派圖，pie chart）是一個劃分爲好幾個扇形的圓形統計圖表，能夠清楚顯示各類別數量相對於整體所占的比重。將在圓形圖中，每個扇區的弧長大小爲其所表示的數量之比例，將這些扇區合在一起剛好是一個完全的圓形。

　　圓形圖經常使用於商業統計圖表，譬如各業務單位的銷售額、產品年度銷售量、各種選舉的實際得票數等等，稍後將介紹圓形圖的製作方式。

11-5-1 標準圓餅圖

　　圓形圖是以每個扇形區相對於整個圓形的大小或百分比來繪製，使用的是Matplotlib的pie函數，語法如下：

```
plt.pie(x, explode, labels, colors, autopct, pctdistance, shadow,
labeldistance, startangle, radius, counterclock, wedgeprops, textprops,
center, frame, rotatelabels)
```

　　除了x之外，其他參數都可省略，參數說明如下：

- x：繪圖的數組
- explode：設定個別扇形區偏移的距離，用意是凸顯某一塊扇形區，值是與x元素個數相同的數組。
- labels：圖例標籤
- colors：指定餅圖的填滿顏色
- autopct：顯示比率標記，標記可以是字串或函數，字串格式是%，例如：%d（整數）、%f（浮點數），預設值是無（None）
- pctdistance：設置比率標記與圓心的距離，預設值是0.6

- shadow：是否添加餅圖的陰影效果，值為布林（True/False），預設值 False
- labeldistance：指定各扇形圖例與圓心的距離，值為浮點數，預設值1.1
- startangle：設置餅圖的起始角度
- radius：指定半徑
- counterclock：指定餅圖呈現方式逆時針或順時針，值為布林（True/ False），預設為True
- wedgeprops：指定餅圖邊界的屬性
- textprops：指定餅圖文字屬性
- center：指定中心點位置，預設為(0,0)
- frame：是否要顯示餅圖的圖框，值為布林（True/False），預設為False
- rotatelabels：標籤文字是否要隨著扇形轉向，值為布林（True/ False），預設為False

　　假設偉成科技公司做了員工施打何種疫苗的意見調查表，其結果如下 所示：

項目	人數
BNT	56
AZ	18
莫德納	84
高端	41
嬌生	21

　　我們來看看要如何將這個調查結果以圓餅圖來呈現。

【範例程式：**pie.py**】滿意度調查圓餅圖

```
1   # -*- coding: utf-8 -*-
2
3   import matplotlib.pyplot as plt
4
5   plt.rcParams['font.sans-serif'] ='Microsoft JhengHei'
6   plt.rcParams['font.size']=12
7
8   x = [56,18,84,41,21]
9   labels = 'BNT','AZ','莫德納','高端','嬌生'
10  explode = (0, 0, 0, 0.3,0)
11  plt.pie(x,labels=labels, explode=explode, autopct='%.1f%%',
12        shadow=True)
13
14  plt.show()
```

【執行結果】

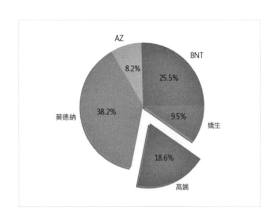

　　從圓餅圖就能清楚看出每個項目的相對比例關係，範例中為了凸顯「高端」這個項目，所以加了explode 參數，將第一個項目設為偏移0.3的距離。autopct參數是設定每一個扇形顯示的文字標籤格式，這裡參數值是如下表示：

'%.1f%%'

　　前面的「%.1f」指定小數點1位的浮點數，因為%是關鍵字，不能直接使用，必須使用「%%」才能輸出百分比符號。

　　介紹了這麼多種圖形，如果想放在一起顯示可以嗎？當然沒問題！本節最後將告訴您如何利用子圖功能將多種圖形組合在一起顯示。

11-5-2 繪製多個子圖

　　在資料呈現上，長條圖可以看出趨勢，圓形圖可以快速的看出數值占比。老闆總是希望能夠用一張圖表就看到長條圖、圓形圖，為了讓資料能更即時，更快掌握狀況，這時候就可以利用Matplotlib的subplot（子圖）功能來製作。subplot可以將多個子圖顯示在一個視窗（figure），先來看看subplot基本用法：

plt.subplot(rows, cols, n)

　　參數rows、cols是設定如何分割視窗，n則是繪圖在哪一區，逗號可以不寫，參數說明如下（請參考下圖對照）：
● rows,cols：將視窗分成cols行rows列，例如下圖為plt.subplot(2, 3, n)。
● n：圖形放在哪一個區域

n=1	n=2	n=3
n=4	n=5	n=6

　　例如圖形想放置在n=1區塊，可以使用下列兩種寫法：

> plt.subplot(2, 3, 1) 或 plt.subplot(231)

　　subplot會回傳AxesSubplot物件，如果想要使用程式來刪除或添加圖形，可以利用下列指令：

> ax=plt.subplot(2,2,1)　#ax是AxesSubplot物件
> plt.delaxes(ax)　#從figure刪除ax
> plt.subplot(ax)　#將ax再次加入figure

　　接下來，我們將前面所學過的圖形繪製技巧分別放在4個子圖，請跟著範例練習看看：

【範例程式：**subplot.py**】建立子圖

```
1   # -*- coding: utf-8 -*-
2
3   import matplotlib.pyplot as plt
4
5   plt.rcParams['font.sans-serif'] ='Microsoft JhengHei'
6   plt.rcParams['font.size']=12
7
8
9   #橫條圖
10  def barhChart(s,x):
11      plt.barh(x, s)
12
13  #圓餅圖
14  def pieChart(s,x):
15      plt.pie(s,labels=x, autopct='%.2f%%')
16
17  #折線圖+長條圖
```

```
18 def lineChart(s,x):
19     plt.plot(x, s, marker='.')
20     plt.bar(x, s, alpha=0.5)
21
22 #長條圖
23 def barChart(s,x):
24     plt.bar(x, s)
25
26
27 #要繪圖的數據
28 x = [ 'BNT','AZ','莫德納','高端','嬌生']
29 s = [56,18,84,41,21]
30
31
32 #定義子圖
33 plt.figure(1, figsize=(8, 6),clear=True)
34 plt.subplots_adjust(left=0.2, right=0.85)
35
36 plt.subplot(2,2,1)
37 barhChart(s,x)
38
39 plt.subplot(222)
40 pieChart(s,x)
41
42 plt.subplot(223)
43 lineChart(s,x)
44
45 plt.subplot(224)
46 barChart(s,x)
47
48 plt.show()
```

【執行結果】

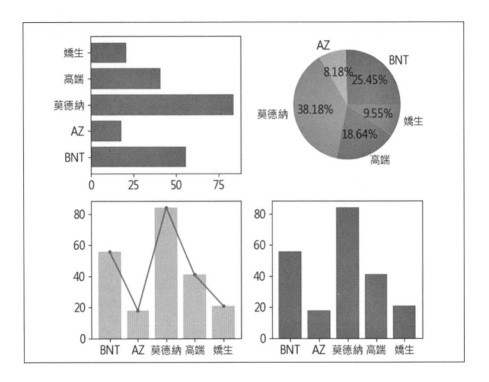

　　其中程式33行定義了Figure視窗的大小，figsize值是tuple，定義寬跟高（width, height），預設值為（8, 6）。程式34行是調整子圖與figure視窗邊框的距離，subplots_adjust的用法如下：

```
subplots_adjust(left, bottom, right, top, wspace, hspace)
```

　　參數left、bottom、right、top是控制子圖與figure視窗的距離，預設值為left =0.125、right=0.9、bottom=0.1、top = 0.9，wspace和hspace用來控制子圖之間寬度和高度的百分比，預設是0.2。

11-6 上機綜合練習

1. 以下範例就利用西元1981～2010年間的高雄月平均氣候統計資料來繪製最基本的折線圖（line chart）：

地名	1月	2月	3月	4月	5月	6月	7月	8月	9月	10月	11月	12月
高雄	19.3	20.3	22.6	25.4	27.5	28.5	29.2	28.7	28.1	26.7	24	20.6

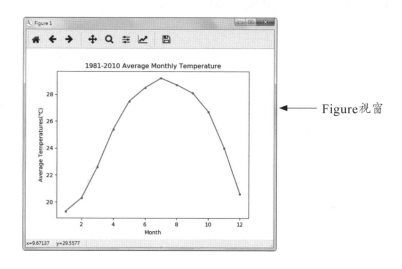

Figure視窗

解答：lineChart.py

本章課後習題

一、填充題

1. 使用Matplotlib模組圖表繪製的過程中，＿＿＿＿＿＿＿屬性是用來設定線條寬度。

2. ＿＿＿＿＿＿＿主要的特色是能夠清楚顯示各類別數量相對於整體所占的比重。

3. 如果希望能夠用一張圖表就看到長條圖、圓形圖，可以利用Matplotlib
   的＿＿＿＿＿功能來製作。

4. 折線圖是使用Matplotlib的＿＿＿＿＿模組，使用前必須先匯入。

5. Matplotlib的所有屬性是定義在＿＿＿＿＿文件。

二、問答與實作題

1. 請簡述pyplot模組繪製基本的圖形使用步驟與語法。

2. 請舉出至少三種Matplotlib指定色彩的方法。

3. 請簡述圓形圖的主要特色？

4. 請簡述橫條圖與長條圖兩者間的異同？

第十二章

經典演算法與 Python 實作

在程式設計裡演算法更是不可獲缺的一環，在這裡要討論包括電腦程式常使用到演算法的概念與定義。在韋氏辭典中將演算法定義為：「在有限步驟內解決數學問題的程式。」如果運用在計算機領域中，我們也可以把演算法定義成：「為了解決某一個工作或問題，所需要有限數目的機械性或重複性指令與計算步驟。」

懂得善用演算法的基本概念，當然是培養程式設計邏輯的重要步驟，許多實際的問題都有多個可行的演算法來解決，但是要從中找出最佳的解決演算法卻是一個挑戰。本節將為各位介紹幾種相當熱門的演算法，能幫助您更加了解不同演算法的觀念與技巧，以便日後更有能力分析各種演算法的優劣。

12-1 遞迴 —— 分治演算法

分治法（divide and conquer）是一種很重要的演算法，我們可以應用分治法來逐一拆解複雜的問題，其核心精神是將一個難以直接解決的大問題依照不同的概念，分割成兩個或更多的子問題，以便各個擊破，分而治之。分治法和遞迴法很像一對孿生兄弟，都是將一個複雜的演算法問題，讓規模越來越小，最終使子問題容易求解，原理就是分治法的精神。

遞迴是種很特殊的函數，簡單來說，對程式設計師而言，函數不單

純只是能夠被其它函數呼叫（或引用）的程式單元，在某些語言還提供了
自身引用的功能，這種功用就是所謂的「遞迴」。遞迴在早期人工智慧
所用的語言如Lisp、Prolog幾乎都是整個語言運作的核心，遞迴的考題在
APCS的歷年考題中占的比重更是相當高，當然在Python中也有提供這項
功能，因為它們的繫結時間可以延遲至執行時才動態決定。

Tips

　　貪心法（Greedy Method）又稱為貪婪演算法，方法是從某一起
點開始，就是在每一個解決問題步驟使用貪心原則，都採取在當前狀
態下最有利或最優化的選擇，不斷的改進該解答，持續在每一步驟中
選擇最佳的方法，並且逐步逼近給定的目標，當達到某一步驟不能再
繼續前進時，演算法停止，以盡可能快地求得更好的解。貪心法的精
神雖然是把求解的問題分成若干個子問題，不過不能保證求得的最後
解是最佳的。貪心法容易過早做決定，只能求滿足某些約束條件的可
行解的範圍，不過在有些問題卻可以得到最佳解。經常用在求圖形的
最小生成樹（MST）、最短路徑與霍哈夫曼編碼等。

12-1-1 遞迴的定義

　　遞迴的定義，我們可以正式這樣形容，假如一個函數或副程式，是由
自身所定義或呼叫的，就稱為遞迴（Recursion），它至少要定義兩種條
件，包括一個可以反覆執行的遞迴過程，與一個跳出執行過程的出口。遞
迴因為呼叫對象的不同，可以區分為以下兩種：

■直接遞迴（direct recursion）：指遞迴函數中，允許直接呼叫該函數本
　身，稱為直接遞迴。如下例：

```
int Fun(...)
{
   …
        if(...)
            Fun(...)
   …
}
```

■間接遞迴指遞迴函數中，如果呼叫其他遞迴函數，再從其他另個遞迴函數呼叫回原來的遞迴函數，我們就稱作間接遞迴（indirect recursion）。

```
int Fun1(...)        int Fun2(...)
{            {
    .            .
    .            .
if(...)        if(...)
   Fun2(...)        Fun1(...)
    …            …
}            }
```

　　許多人經常困惑的問題是：「何時才是使用遞迴的最好時機？」是不是遞迴只能解決少數問題？事實上，任何可以用if-else和while指令編寫的函數，都可以用遞迴來表示和編寫。

Tips

　　「尾歸遞迴」（tail recursion）就是程式的最後一個指令為遞迴呼叫，因為每次呼叫後，再回到前一次呼叫的第一行指令就是return，所以不需要再進行任何計算工作。

例如我們知道階乘函數是數學上很有名的函數，對遞迴式而言，也可以看成是很典型的範例，我們一般以符號"！"來代表階乘。例如4階乘可寫為4!，n!可以寫成：

---

n!=n×(n-1)*(n-2)……*1

各位可以一步分解它的運算過程，並觀察出一定的規律性：

```
5! = (5 * 4!)
   = 5 * (4 * 3!)
   = 5 * 4 * (3 * 2!)
   = 5 * 4 * 3 * (2 * 1)
   = 5 * 4 * (3 * 2)
   = 5 * (4 * 6)
   = (5 * 24)
   = 120
```

以下程式碼就是以遞迴演算法來計算1～n!的函數值，請注意其間所應用的遞迴基本條件：一個反覆的過程，以及一個跳出執行的缺口。Python的遞迴函數演算法可以寫成如下：

```
def factorial(i):
    if i==0:
        return 1
    else:
        ans=i * factorial(i-1)  #反覆執行的遞迴過程
    return ans
```

以上遞迴應用的介紹是利用階乘函數的範例來說明遞迴式的運作。相信各位應該不再對遞迴有陌生的感覺了吧！我們再來看一個很有名氣的費伯那序列（Fibonacci Polynomial），首先看看費伯那序列的基本定義：

$$F_n= \begin{cases} 0 & n=0 \\ 1 & n=1 \\ F_{n-1}+F_{n-2} & n=2, 3, 4, 5, 6...... （n為正整） \end{cases}$$

簡單來說，就是一序列的第零項是0、第一項是1，其它每一個序列中項目的值是由其本身前面兩項的值相加所得。從費伯那序列的定義，也可以嘗試把它轉成遞迴的形式：

```
def fib(n):# 定義函數fib()
    if n==0 :
        return 0 # 如果n=0 則傳回 0
    elif n==1 or n==2:
        return 1
    else:  # 否則傳回 fib(n-1)+fib(n-2)
        return (fib(n-1)+fib(n-2))
```

以下範例將示範如何以遞迴方式來輸出費伯那序列。

【範例程式：**fib.py**】計算第n項費伯那序列

```
01 def fib(n): # 定義函數fib()
02     if n==0 :
03         return 0 # 如果n=0 則傳回 0
04     elif n==1 or n==2:
05         return 1
```

```
06    else:  # 否則傳回 fib(n-1)+fib(n-2)
07        return (fib(n-1)+fib(n-2))
08
09 n=int(input('請輸入所要計算第幾個費式數列:'))
10 for i in range(n+1):# 計算前n個費氏數列
11    print('fib(%d)=%d' %(i,fib(i)))
```

【執行結果】

```
請輸入所要計算第幾個費式數列:10
fib(0)=0
fib(1)=1
fib(2)=1
fib(3)=2
fib(4)=3
fib(5)=5
fib(6)=8
fib(7)=13
fib(8)=21
fib(9)=34
fib(10)=55
```

【程式碼解析】

● 第1～7行：將費伯那序列的定義設計轉成遞迴形式。

● 第10～11行：計算前n個費氏數列。

12-1-2 動態規劃法

　　動態規劃法（Dynamic Programming Algorithm, DPA）類似分治法，由二十世紀五〇年代初美國數學家R. E. Bellman所發明，用來研究多階段決策過程的優化過程與求得一個問題的最佳解。動態規劃法主要的作法是如果一個問題答案與子問題相關的話，就能將大問題拆解成各個小問題，

CHAPTER

12

其中與分治法最大不同的地方是可以讓每一個子問題的答案被儲存起來，以供下次求解時直接取用。這樣的作法不但能減少再次需要計算的時間，並將這些解組合成大問題的解答，故使用動態規劃可以解決重複計算的缺點。

例如前面費伯那序列是用類似分治法的遞迴法，如果改用動態規劃寫法，已計算過資料而不必計算，也不會再往下遞迴，會達到增進效能的目的，例如我們想求取第4個費伯那數Fib(4)，它的遞迴過程可以利用以下圖形表示：

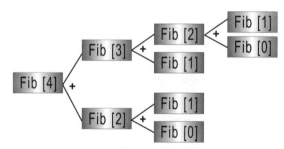

費伯那序列的遞迴執行路徑圖

從路徑圖中可以得知遞迴呼叫9次，而執行加法運算4次，Fib(1)執行了3次，浪費了執行效能，我們依據動態規劃法的精神，依照這演算法可以繪製出如下的示意圖：

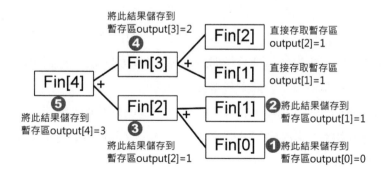

演算法可以修改如下：

```
output=[None]*1000  #fibonacci的暫存區

def Fibonacci(n):
    result=output[n]

    if result==None:
        if n==0:
            result=0
        elif n==1:
            result=1
        else:
            result = Fibonacci(n - 1) + Fibonacci(n - 2)
        output[n]=result
    return result
```

12-2 枚舉法

枚舉法，又稱為窮舉法，是一種常見的數學方法，是我們在日常中使用到最多一個演算法，它的核心思想就是：枚舉所有的可能。根據問題要求，一一枚舉問題的解答，或者為了方便解決問題，把問題分為不重複、不遺漏的有限種情況，一一枚舉各種情況，並加以解決，最終達到解決整個問題的目的。枚舉法這種分析問題、解決問題的方法，得到的結果總是正確的，但枚舉演算法的缺點就是速度太慢。

例如我們想將A與B兩字串連接起來，也就是將B字串接到A字串後方，就是利用將B字串的每一個字元，從第一個字元開始逐步連結到A字串的最後一個字元。

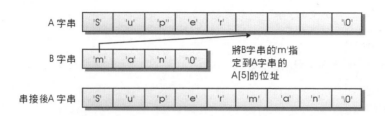

再來看一個例子，當某數1000依次減去1,2,3⋯直到哪一數時，相減的結果開始為負數，這是很單純的枚舉法應用，只要依序減去1,2,3,4,5,6,8⋯？

1000-1-2-3-4-5-6⋯-? < 0

如果以枚舉法來求解這個問題，演算法過程如下：

1000-1 = 999
999-2 = 997
997-3 = 994
994-4 = 990
⋮   ⋮ = ⋮
⋮   ⋮ = ⋮
⋮   ⋮ = ⋮
139-42 = 97
97-43 = 54
54-44 = 10
10-45 = -35

開始產生負數，依枚舉法得知，一直到減到數字45，相減的結果開始為負數

用python寫成的演算法如下：

```
x=1
num=1000
while num>=0: #while念圈
    num-=x
    x=x+1

print(x-1)
```

　　簡單來說，枚舉法的核心概念就是將要分析的項目在不遺漏的情況下逐一枚舉列出，再從所枚舉列出的項目中去找到自己所需要的目標物。

　　我們再舉一個例子來加深各位的印象，如果你希望列出1到500間所有5的倍數的整數，以枚舉法的作法就是從1開始到500逐一列出所有的整數，並一邊枚舉，一邊檢查該枚舉的數字是否為5的倍數，如果不是則不加以理會；如果是則加以輸出。如果以Python語言來示範，其演算法如下：

```
for num in range(1,501):
    if num % 5 ==0:
        print('%d 是5的倍數' %(num))
```

12-3 回溯法 —— 老鼠走迷宮問題

　　回溯法（backtracking）也算是枚舉法中的一種，對於某些問題而言，回溯法是一種可以找出所有（或一部分）解的一般性演算法，是隨時避免枚舉不正確的數值，一旦發現不正確的數值，就不遞迴至下一層，而是回溯至上一層來節省時間。這種走不通就退回再走的方式，主要是在搜尋過程中尋找問題的解，當發現已不滿足求解條件時，就回溯返回，並嘗試別的路徑，避免無效搜索。

　　例如老鼠走迷宮就是一種回溯法的應用。老鼠走迷宮問題的陳述是假設把一隻大老鼠放在一個沒有蓋子的大迷宮盒的入口處，盒中有許多牆使得大部分的路徑都被擋住而無法前進。老鼠可以依照嘗試錯誤的方法找到出口，不過這老鼠必須具備每次走錯路時就會重來一次，並把走過的路記起來以避免重複走同樣的路，就這樣直到找到出口為止。簡單說來，老鼠行進時，必須遵守以下三個原則：

① 一次只能走一格。
② 遇到牆無法往前走時，則退回一步找找看是否有其他的路可以走。
③ 走過的路不會再走第二次。

　　我們之所以對這個問題感興趣，就是它可以提供一種典型堆疊應用的思考方向，國內許多大學曾舉辦所謂「電腦鼠」走迷宮的比賽，就是要設計這種利用堆疊技巧走迷宮的程式。在建立走迷宮程式前，我們先來了解如何在電腦中表現一個模擬迷宮的方式，這時可以利用二維陣列 MAZE[row][col]，並符合以下規則：

MAZE[i][j]=1　　　　　表示[i][j]處有牆，無法通過
　　　　　 =0　　　　　表示[i][j]處無牆，可通行
MAZE[1][1]是入口，MAZE[m][n]是出口

　　下圖就是一個使用10x12二維陣列的模擬迷宮地圖表示圖：

【迷宮原始路徑】

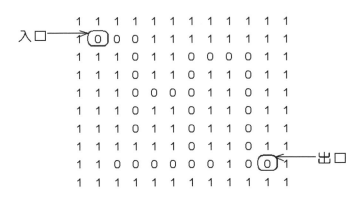

假設老鼠由左上角的MAZE[1][1]進入,由右下角的MAZE[8][10]出來,老鼠目前位置以MAZE[x][y]表示,那麼我們可以將老鼠可能移動的方向表示如下:

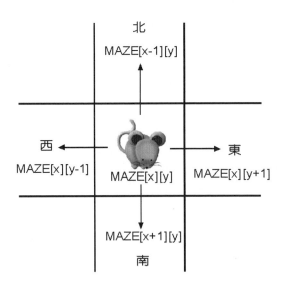

如上圖所示,老鼠可以選擇的方向共有四個,分別為東、西、南、北。但並非每個位置都有四個方向可以選擇,必須視情況來決定,例如T

字型的路口，就只有東、西、南三個方向可以選擇。

我們可以利用鏈結串列來記錄走過的位置，並且將走過的位置之陣列元素內容標示為2，然後將這個位置放入堆疊再進行下一次的選擇。如果走到死巷子並且還沒有抵達終點，那麼就必須退回上一個位置，並直到回到上一個叉路後再選擇其他的路。由於每次新加入的位置必定會在堆疊的最末端，因此堆疊末端指標所指的方格編號便是目前搜尋迷宮出口的老鼠之所在位置。如此一直重複這些動作直到走到出口為止。

上面這樣的一個迷宮搜尋的概念，可利用底下Python演算法來加以描述：

```
if 上一格可走:
    加入方格編號到堆疊
    往上走
    判斷是否為出口
elif 下一格可走:
    加入方格編號到堆疊
    往下走
    判斷是否為出口
elif 左一格可走:
    加入方格編號到堆疊
    往左走
    判斷是否為出口
elif 右一格可走:
    加入方格編號到堆疊
    往右走
    判斷是否為出口
else:
    從堆疊刪除一方格編號
    從堆疊中取出一方格編號
    往回走
```

　　上面的演算法是每次進行移動時所執行的內容，其主要是判斷目前所在位置的上、下、左、右是否有可以前進的方格，若找到可移動的方格，便將該方格的編號加入到記錄移動路徑的堆疊中，並往該方格移動，而當四周沒有可走的方格時，也就是目前所在的方格無法走出迷宮，則必須退回前一格重新再來，並檢查是否有其它可走的路徑。

　　以下程式就是以Python語言設計迷宮的實作：

【範例程式：**mouse.py**】老鼠走迷宮

```
01 #老鼠走迷宮
02 class Node:
03     def __init__(self,x,y):
04         self.x=x
05         self.y=y
06         self.next=None
07
08 class Mouse:
09     def __init__(self):
10         self.first=None
11         self.last=None
12
13     def empty(self):
14         return self.first==None
15
16     def add(self,x,y):
17         newNode=Node(x,y)
18         if self.first==None:
19             self.first=newNode
20             self.last=newNode
21         else:
22             self.last.next=newNode
23             self.last=newNode
```

```
24
25      def remove(self):
26          if self.first==None:
27              print('[佇列已經空了]')
28              return
29          newNode=self.first
30          while newNode.next!=self.last:
31              newNode=newNode.next
32          newNode.next=self.last.next
33          self.last=newNode
34
35 ExitX= 8   #出口的X座標
36 ExitY= 10 #出口的Y座標
37 #宣告迷宮陣列
38 arr= [[1,1,1,1,1,1,1,1,1,1,1,1], \
39      [1,0,0,0,1,1,1,1,1,1,1,1], \
40      [1,1,1,0,1,1,0,0,0,0,1,1], \
41      [1,1,1,0,1,1,0,1,1,0,1,1], \
42      [1,1,1,0,0,0,0,1,1,0,1,1], \
43      [1,1,1,0,1,1,0,1,1,0,1,1], \
44      [1,1,1,0,1,1,0,1,1,0,1,1], \
45      [1,1,1,1,1,1,0,1,1,0,1,1], \
46      [1,1,0,0,0,0,0,0,1,0,0,1], \
47      [1,1,1,1,1,1,1,1,1,1,1,1]]
48
49 def find(x,y,ex,ey):
50      if x==ex and y==ey:
51          if(arr[x-1][y]==1 or arr[x+1][y]==1 or arr[x][y-1] ==1 or arr[x]
           [y+1]==2):
52          return 1
53          if(arr[x-1][y]==1 or arr[x+1][y]==1 or arr[x][y-1] ==2 or arr[x]
           [y+1]==1):
```

```
54        return 1
55        if(arr[x-1][y]==1 or arr[x+1][y]==2 or arr[x][y-1] ==1 or arr[x]
          [y+1]==1):
56        return 1
57        if(arr[x-1][y]==2 or arr[x+1][y]==1 or arr[x][y-1] ==1 or arr[x]
          [y+1]==1):
58            return 1
59    return 0
60
61 #主程式
62
63
64 path=Mouse()
65 x=1
66 y=1
67
68 print('[迷宮的路徑(0的部分)]')
69 for i in range(10):
70     for j in range(12):
71         print(arr[i][j],end='')
72     print()
73 while x<=ExitX and y<=ExitY:
74     arr[x][y]=2
75     if arr[x-1][y]==0:
76         x -= 1
77         path.add(x,y)
78     elif arr[x+1][y]==0:
79         x+=1
80         path.add(x,y)
81     elif arr[x][y-1]==0:
82         y-=1
83         path.add(x,y)
```

```
84    elif arr[x][y+1]==0:
85        y+=1
86        path.add(x,y)
87    elif find(x,y,ExitX,ExitY)==1:
88        break
89    else:
90        arr[x][y]=2
91        path.remove()
92        x=path.last.x
93        y=path.last.y
94 print('[老鼠走過的路徑(2的部分)]')
95 for i in range(10):
96    for j in range(12):
97        print(arr[i][j],end='')
98    print()
```

CHAPTER

12

【執行結果】

```
[迷宮的路徑 (0的部分) ]
111111111111
100011111111
111011000011
111011011011
111000011011
111011011011
111011011011
111111011011
110000001001
111111111111
[老鼠走過的路徑 (2的部分) ]
111111111111
122211111111
111211222211
111211211211
111222211211
111211011211
111211011211
111111011211
110000001221
111111111111
```

12-4 排序演算法

　　排序（sorting）演算法幾乎可以形容是最常使用到的一種演算法，目的是將一串不規則的數值資料依照遞增或是遞減的方式重新編排。所謂「排序」是將一群資料按照某一個特定規則重新排列，使其具有遞增或遞減的次序關係。針對某一欄位按照特定規則用以排序的依據，稱為「鍵」（key），它所含的值就稱為「鍵值」（value）。資料在經過排序後，會有下列三點好處：

● 資料較容易閱讀。

● 資料較利於統計及整理。

● 可大幅減少資料搜尋的時間。

12-4-1 氣泡排序法

　　氣泡排序法（bubble sort）可說是最簡單的排序法之一，它屬於交換排序（swap sort）的一種。其名稱由觀察水中氣泡變化構思而成，因氣泡隨著水深壓力而改變，當氣泡在水底時，水壓最大，氣泡最小；當慢慢浮上水面時，發現氣泡由小漸漸變大。由此可知，氣泡排序法是把陣列中相鄰兩元素之鍵值做比較，若兩元素之次序不對，則將兩元素值交換。氣泡排序法的比較方式是由第一個元素開始比較相鄰元素大小，若大小順序有誤，則對調後再進行下一個元素的比較，其步驟如下：

步驟1：相鄰之兩資料項X(i)與X(i - 1)互相比較。

步驟2：若次序不對則將兩資料項對調，直到不產生對調為止。

步驟3：重複以上動作，直到N-1次或互換動作停止。

　　以下排序我們利用數列「25、33、11、78、65、57」來說明排序過程：

步驟1：一開始資料都放在同一陣列中，比較相鄰的陣列元素大小，依照順序來決定是否要做交換。

步驟2：從輸入陣列的第一個元素開始「25」，它小於33不互換，33比11
大，得互換。所以較大的元素會逐漸地往下方移動，直到找到最
大值「78」，結束第一回合的結果。

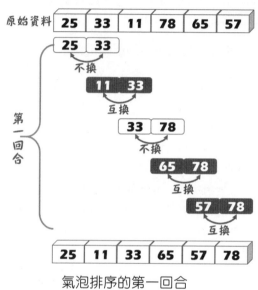

氣泡排序的第一回合

步驟3：第二回合，以「6 – 1 = 5」做排序。

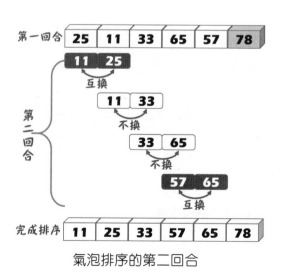

氣泡排序的第二回合

　　將範圍內最大的元素排到定位的過程稱爲「回合」（pass），從步驟2中可以得知「第一回合」範圍是從「A[0]～A[n – 1]」，其中的最大元素會定位到「A[n – 1]」，可以得到的結論如下：

● 第一回合的範圍中數列有6個項目，共比較了5次，進行了3次交換。所以「比較次數 = 數列項目 – 1」。

● 每一回之後至少會有一個項目排到正確位置。

【氣泡排序演算法】

```
01  def sortButtle(data, long):
02      for k in range(long - 1, 0, -1):
03          for item in range(k):
04              if data[item] > data[item + 1]:
05                  data[item], data[item + 1] = \
06                  data[item + 1], data[item]
07              print(data)
08      return data
```

【程式碼解析】

● 第1～8行：定義函式sortBubble()，傳入List物件的元素和其長度來執行氣泡排序的動作。

● 第2～7行：外層for迴圈以記錄指標方式來移動。

● 第3～6行：將陣列元素兩兩比較，並以if配合條件判斷，若前一個項目比後一個項目的值大就互換位置。

● 第5～6行：項目進行交換時，Python能直接互換而不用借助其他的暫存變數。

■ 氣泡法分析

● 最壞情況及平均情況均需要比較：

$$(n{-}1) + (n{-}2) + (n{-}3) + \cdots + 3 + 2 + 1 = n(n{-}1)/2 \text{ 次}$$

- 時間複雜度為θ(n^2)，最好情況只需完成一次掃瞄，發現沒有做交換的動作則表示已經排序完成，所以只做了n-1次比較，時間複雜度為Ω(n)。
- 由於氣泡排序為相鄰兩者相互比較對調，並不會更改其原本排列的順序，是穩定排序法。
- 只需一個額外的空間，所以空間複雜度為最佳。
- 此排序法適用於資料量小或有部分資料已經過排序。

接著請設計一Python程式，並使用氣泡排序法來將以下的數列排序：

99,95,90,88,78,67,33,26,12

【範例程式：**bubble.py**】氣泡排序法

```
01 data=[99,95,90,88,78,67,33,26,12]#原始資料
02 print('氣泡排序法：原始資料為：')
03 for i in range(len(data)):
04     print('%3d' %data[i],end='')
05 print()
06
07 for i in range(len(data)-1,0,-1): #掃描次數
08     for j in range(i):
09         if data[j]>data[j+1]:#比較,交換的次數
10             data[j],data[j+1]=data[j+1],data[j]#比較相鄰兩數,如果第
                                                  一數較大則交換
11     print('第 %d 次排序後的結果是：' %(len(data)-i),end='') #把各次
       掃描後的結果印出
12     for j in range(len(data)):
13         print('%3d' %data[j],end='')
14     print()
15
16 print('排序後結果為：')
```

```
17 for j in range(len(data)):
18     print('%3d' %data[j],end='')
19 print()
```

【執行結果】

```
氣泡排序法：原始資料為：
 99  95  90  88  78  67  33  26  12
第  1  次排序後的結果是：  95  90  88  78  67  33  26  12  99
第  2  次排序後的結果是：  90  88  78  67  33  26  12  95  99
第  3  次排序後的結果是：  88  78  67  33  26  12  90  95  99
第  4  次排序後的結果是：  78  67  33  26  12  88  90  95  99
第  5  次排序後的結果是：  67  33  26  12  78  88  90  95  99
第  6  次排序後的結果是：  33  26  12  67  78  88  90  95  99
第  7  次排序後的結果是：  26  12  33  67  78  88  90  95  99
第  8  次排序後的結果是：  12  26  33  67  78  88  90  95  99
排序後結果為：
 12  26  33  67  78  88  90  95  99
```

【程式碼解析】

● 第1～5行：原始資料設定及輸出。

● 第7～14行：氣泡排序法的排序過程。

● 第17～19行：輸出排序後的結果。

12-4-2 改良式氣泡排序法

　　我們知道傳統氣泡排序法有個缺點，就是不管資料是否已排序完成都固定會執行n(n–1)/2次，請設計一Python程式，利用所謂崗哨的觀念，可以提前中斷程式，又可得到正確的資料，來增加程式執行效能。

【範例程式：sentry.py】

```
01 #加入崗哨的改良氣泡排序法
02 def showdata(data):    #利用迴圈列印資料
```

```
03      for i in range(len(data)):
04          print('%3d' %data[i],end='')
05      print()
06
07 def bubble (data):
08      for i in range(len(data)-1,0,-1):
09          flag=0 #flag用來判斷是否有執行交換的動作
10          for j in range(i):
11              if data[j+1]<data[j]:
12                  data[j],data[j+1]=data[j+1],data[j]
13                  flag+=1  #如果有執行過交換，則flag不為0
14          if flag==0:
15              break
16          #當執行完一次掃描就判斷是否做過交換動作，如果沒有
                交換過資料
17          #，表示此時陣列已完成排序，故可直接跳出念圈
18          print('第 %d 次排序：' %(len(data)-i),end='')
19          for j in range(len(data)):
20              print('%3d' %data[j],end='')
21          print()
22      print('排序後結果為：',end='')
23      showdata (data)
24
25 def main():
26      data=[1,2,3,4,5,6,8,9,7]  #原始資料
27      print('原始資料：')
28      showdata(data)
29      print('改良氣泡排序法原始資料為：')
30      bubble (data)
31
32 main()
```

【執行結果】

```
原始資料：
  1   2   3   4   5   6   8   9   7
改良氣泡排序法原始資料為：
第 1 次排序：   1   2   3   4   5   6   8   7   9
第 2 次排序：   1   2   3   4   5   6   7   8   9
排序後結果為：   1   2   3   4   5   6   7   8   9
```

【程式碼解析】

- 第2～5行：利用迴圈列印資料的函數。
- 第7～23行：加入崗哨的改良氣泡排序法的函數定義。
- 第25～30行：定義一個類似主程式功能的函數，程式內容包括原始資料的設定與輸出，並呼叫加入崗哨的改良氣泡排序法的函數。
- 第32行：呼叫有主程式功能的main()函數。

12-4-3 快速排序法

　　快速排序法（quick sort）是一種分而治之（divide and conquer）的排序法，所以也稱為分割交換排序法，是目前公認最佳的排序法，平均表現是我們所介紹的排序法中最好的，目前為止至少快兩倍以上。它的運作方式和氣泡排序法類似，會利用交換達成排序。它的原理是以遞迴方式，將陣列分成兩部分：它會先在資料中找到一個虛擬的中間值，把小於中間值的資料放在左邊，而大於中間值的資料放在右邊，再以同樣的方式分別處理左右兩邊的資料，直到完成為止。

　　假設有n筆紀錄R1、R2、R3……Rn，其鍵值為K_1、K_2、K_3、……、K_n。快速排序法的步驟如下：

步驟1：取K為第一筆鍵值。

步驟2：由左向向找出一個鍵值K_i使得$K_i > K$。

步驟3：由右向左找出一個鍵值K_j使得$K_j < K$。

步驟4：若i < j則K_i與K_j交換，並繼續步驟2的執行。

步驟5：若i ≧ j則將K與交換，並以j為基準點將資料分為左右兩部分，再以遞迴方式分別為左右兩半進行排序，直至完成排序。

　　將原始資料「45、21、10、18、65、33」以謝耳排序法進行由小而大的排序。

步驟1：將變數pivot設為數列的第一個數值，first指標指向數列的第二個數值，而last指標指向數列最後一個數值。

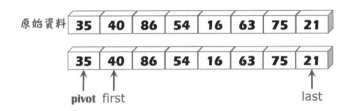

步驟2：first指標向右移動，而last指標則向左移動；由於「first > pivot」(40 > 35)而「last < pivot」(21 < 35)，因此把40、21指標指向的值對調。

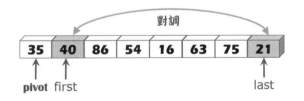

步驟3：first指標繼續向右移動，而last指標則向左移動；由於「86 > 35」，first比pivot大，「16 < 35」表示last小於pivot；故把first、last指標指向的值對調。

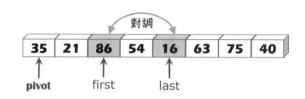

步驟4：first指標繼續向右移動到「54」，而last指標則向左移動到
「16」；此時「first > last」，將last指標指向的值「16」與pivot
「35」對調。

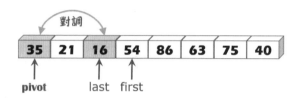

步驟5：經過步驟1～4已將數列分割成兩組，左側的子集合比基準點
「35」小，右側的子集合比pivot「35」大。由於左側子集合已完
成排序，所以依照步驟1～4繼續右側子集合的排序動作。

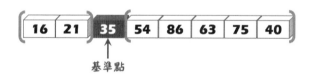

步驟6：繼續數列中的右側子集合，設pivot「54」，由於符合規則，將
first的值「86」和last的值「40」對調。

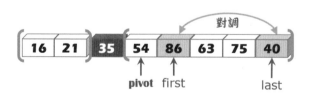

步驟7：最後，將54和40互換，完成排序。

對調

【快速排序演算法】

```
01 def sortQuick(Ary, first = 0, last = None):
02     if last == None: #初值為None，設hing = len(Ary)
03         last = len(Ary) - 1 #設hign, index的值
04     if first < last:
05         pivotIndex = Division(Ary, first, last) #呼叫分割函式
06         sortQuick(Ary, first, pivotIndex - 1) #左邊
07         sortQuick(Ary, pivotIndex + 1, last) #右邊
08     return Ary
09
10 def Division(Ary, first, last): #將陣列分割
11     index = first #取得向左移動的索引
12     pivot = Ary[first]#設List第一個元素為pivot
13     for k in range(first + 1, last + 1):
14         if Ary[k] <= pivot: #與pivot做比較，若小於pivot
15             index += 1
16             #將目前的值與pivot做對調
17             Ary[k], Ary[index] = Ary[index], Ary[k]
18     left = Ary[first] #最後pivot的值與分割後的值對調
19     Ary[first] = Ary[index]
20     Ary[index] = left #pivot值與分割後的值對調
21     return index
```

【程式碼解析】

● 第1～8行：定義函式sortQuick()來執行排序，以陣列為參數，兩個指標

first和last在數列中分別向左、向右移動。

● 第4～7行：以遞迴呼叫本身的函數，分別處理左邊和右邊的元素。

● 第10～21行：定義函數Division()來執行快速排序法的分割動作。設第一個元素爲pivot，依據兩個指標first和last指向的值和pivot做比較來決定是否要互換位置；當first指向的值大於last指向的值，就將pivot、first的值互換，直到最後完成排序。

■ 快速排序法分析：

● 在最快及平均情況下，時間複雜度爲$O(n \log_2(n))$。最壞情況就是每次挑中的中間值不是最大就是最小，其時間複雜度爲$O(n^2)$。

● 快速排序法不是穩定排序法。

● 在最差的情況下，空間複雜度爲$O(n)$，而最佳情況爲$O(n \log(n))$。

● 快速排序法是平均執行時間最快的排序法。

接著我們就來設計一Python程式，並使用快速排序法將數字排序。

【範例程式：**quick.py**】

```
01 import random
02
03 def inputarr(data,size):
04     for i in range(size):
05         data[i]=random.randint(1,100)
06
07 def showdata(data,size):
08     for i in range(size):
09         print('%3d' %data[i],end='')
10     print()
11
12 def quick(d,size,lf,rg):
13     #第一筆鍵值爲d[lf]
14     if lf<rg: #排序資料的左邊與右邊
```

```
15      lf_idx=lf+1
16      while d[lf_idx]<d[lf]:
17          if lf_idx+1 >size:
18              break
19          lf_idx +=1
20      rg_idx=rg
21      while d[rg_idx] >d[lf]:
22          rg_idx -=1
23      while lf_idx<rg_idx:
24          d[lf_idx],d[rg_idx]=d[rg_idx],d[lf_idx]
25          lf_idx +=1
26      while d[lf_idx]<d[lf]:
27              lf_idx +=1
28          rg_idx -=1
29          while d[rg_idx] >d[lf]:
30              rg_idx -=1
31      d[lf],d[rg_idx]=d[rg_idx],d[lf]
32
33      for i in range(size):
34          print('%3d' %d[i],end='')
35      print()
36
37      quick(d,size,lf,rg_idx-1)    #以rg_idx爲基準點分成左右兩半以遞
                                     迴方式
38      quick(d,size,rg_idx+1,rg)    #分別爲左右兩半進行排序直至完成排
                                     序
39
40 def main():
41      data=[0]*100
42      size=int(input('請輸入陣列大小(100以下)：'))
43      inputarr (data,size)
```

```
44      print('您輸入的原始資料是：')
45      showdata (data,size)
46      print('排序過程如下：')
47      quick(data,size,0,size-1)
48      print('最終排序結果：')
49      showdata(data,size)
50
51 main()
```

【執行結果】

```
請輸入陣列大小(100以下)：10
您輸入的原始資料是：
 77 69 92 90 78 30 47 33 20  6
排序過程如下：
 47 69  6 20 33 30 77 78 90 92
 33 30  6 20 47 69 77 78 90 92
 20 30  6 33 47 69 77 78 90 92
  6 20 30 33 47 69 77 78 90 92
  6 20 30 33 47 69 77 78 90 92
  6 20 30 33 47 69 77 78 90 92
最終排序結果：
  6 20 30 33 47 69 77 78 90 92
```

【程式碼解析】

● 第3～5行：利用亂數函數取得排序前的原始資料。

● 第7～10行：利用迴圈列印資料的函數。

● 第12～38行：快速排序法的函數。

● 第40～49行：定義一個類似主程式功能的函數，程式內容包括原始資料的設定與輸出，並呼叫快速排序法的函數。

● 第51行：呼叫有主程式功能的main()函數。

12-5 搜尋演算法

搜尋這件事可大可小，例如從自己的手機上找出同學的電話號碼，或者從資料庫裡找出某個指定的資料（可能需要一些技巧）。或者更簡單地說，只要開啟電腦，搜尋就無處不在；以視窗作業系統來說，檔案總管配有搜尋窗格，方便我們搜尋電腦中的檔案。

視窗作業系統的搜尋窗格

使用瀏覽器輸入「關鍵字」（key）點擊搜尋按鈕後，類似蜘蛛網的搜尋會把網路上「登錄有案」的伺服器，配合網頁技術檢索相關資料再以搜尋熱度進行排序，最後以網頁呈現在我們面前。以下圖來說，輸入「資料結構」關鍵字後，谷歌大神會告訴我們，它只花「0.32」秒就給了我們搜尋結果。

搜尋引擎能快速取得搜尋結果

　　這樣的過程可稱它爲「資料搜尋」；搜尋時要有「關鍵字」（key）或稱「鍵值」，利用它來識別某個資料項目的值，而搜尋所取得的集合可能儲存以資料表、網頁形式呈現。不過我們要探討的重點是以某個特定資料爲對象，一窺搜尋的運作方式。

　　我們就以一個例子來說明，假設已存在數列4,2,3,7,5,6,1，如果要搜尋1需要比較7次；搜尋4僅需比較1次；搜尋3則需搜尋3次，這表示當搜尋的數列長度n很大時，利用循序搜尋是不太適合的，因爲它是一種適用在小檔案的搜尋方法。以下範例實作循序搜尋法的過程：

【範例程式：**sequential.py**】循序搜尋法

```
01 import random
02
03 val=0
```

CHAPTER

12

```
04 data=[3,5,7,8,1,12,16,17,15,10,
05     23,25,27,29,20,32,34,45,56,37]
06
07 while val!=-1:
08     find=0
09     val=int(input('請輸入搜尋鍵值(1-100)，輸入-1離開：'))
10     for i in range(20):
11         if data[i]==val:
12             print('在第 %3d個位置找到鍵值 [%3d]' %(i+1,data[i]))
13             find+=1
14     if find==0 and val !=-1 :
15         print('######沒有找到 [%3d]######' %val)
16 print('資料內容：')
17 for i in range(4):
18     for j in range(5):
19         print("%2d[%3d] ' %(i*5+j+1,data[i*5+j]),end='')
20     print('')
```

【執行結果】

```
請輸入搜尋鍵值(1-100)，輸入-1離開：3
在第     1個位置找到鍵值  [  3]
請輸入搜尋鍵值(1-100)，輸入-1離開：37
在第    20個位置找到鍵值  [ 37]
請輸入搜尋鍵值(1-100)，輸入-1離開：27
在第    13個位置找到鍵值  [ 27]
請輸入搜尋鍵值(1-100)，輸入-1離開：-1
資料內容：
 1[  3]   2[  5]   3[  7]   4[  8]   5[  1]
 6[ 12]   7[ 16]   8[ 17]   9[ 15]  10[ 10]
11[ 23]  12[ 25]  13[ 27]  14[ 29]  15[ 20]
16[ 32]  17[ 34]  18[ 45]  19[ 56]  20[ 37]
```

【程式碼解析】

- 第4～5行：原始資料以串列型態表示。
- 第7～15行：循序搜尋法的主要程式段。
- 第17～20行：以一行5個數字輸出資料內容。

12-5-1 循序搜尋法

　　生活中，翻箱倒櫃找一件東西的經驗是一定有的，例如找一本不知放在牆旮兒的書，可能從書架上一一查找，或者從抽屜逐層翻動，這種簡易的搜尋方式就是「循序搜尋法」（sequential search），又稱為線性搜尋（linear searching）。一般而言，會把欲搜尋的值設成「key」，欲搜尋的對象是事先未按鍵值排序的數列，所以欲尋找的key若是存放在第一個位置（索引為零），則第一次就會找到；若key是存放在數列的最後一個位置，就得依照資料儲存的順序從第一個項目逐一比對到最後一個項目，從頭到尾走訪過一次才會找到。

循序搜尋

　　循序搜尋法的優點是資料在搜尋前不需要作任何的處理與排序，缺點則是搜尋速度較慢。假設已存在數列「117、325、54、19、63、749、41、213」，若欲搜尋63需要比較5次；搜尋117僅需比較1次；搜尋749則需搜尋6次。

　　當資料量很大時，就不適合用循序搜尋法，但可估計每一筆資料所要搜尋的機率，將機率高的放在檔案的前端，以減少搜尋的時間。如果資料沒有重複，找到資料時即可中止搜尋，最差的狀況是未找到資料，需做n

次比較，而最好的狀況則是一次就找到，只需做1次比較。

```
def searchLinear(Ary, target):
    index = 0   #取得欲搜尋項目的位置
    found = False #找到了搜尋元素就變更旗標
    #逐一比較，index < len(Ary)表示未找到
    while index < len(Ary) and not found:
        #找到Key回傳True，未找到就依據索引繼續往下找
        if Ary[index] == target:
            found = True
        else:
            index += 1
    return found
number = [117, 325, 54, 19, 63, 749, 41, 213]
print('數值63', searchLinear(number, 63))
```

● 定義函式searchLinear()是從List物件中搜尋指定的值；設變數found為旗標，找到key（變數target）就回傳True，沒有此項目就以False回傳。

■ 循序法分析

● 時間複雜度：如果資料沒有重複，找到資料就可中止搜尋的話，在最差狀況經過，逐一比對後沒有找到資料，則必須花費n次，其最壞狀況（worst case）的時間複雜度為O(n)。

● 以N筆資料為例，利用循序搜尋法來找尋資料，有可能在第1筆就找到，如果資料在第2筆、第3筆…第n筆，則其需要的比較次數分別為2、3、4…n次的比較動作。平均狀況下，假設資料出現的機率相等，則需(n + 1)/2次比較，例如有10萬個鍵值，則需要做50000次的比較。

● 循序搜尋法優點是檔案或資料事前是不需經過任何處理與排序，在應用上適合於各種情況，當資料量很大時，不適合使用循序搜尋法。但如果預估所搜尋的資料在檔案前端則可以減少搜尋的時間。

12-5-2 二元搜尋法

假如資料本身是已排序後的一串資料，搜尋時可以把資料分成一分為二的方法，然後從其中的一半展開搜尋，這種方法叫做「二元搜尋」（binary search）或稱「折半搜尋」法。二元搜尋法的原理是將欲進行搜尋的key與所有資料的中間值做比對，然後利用二等分的法則，將資料分割成兩等分，再比較鍵值、中間值兩者的大小。如果鍵值小於中間值，可確定要找的資料在前半段的元素，否則在後半部。

使用二元搜尋法的查找對象必須是一個依照鍵值完成排序的資料，搜尋時是由中間開始查找，不斷地把資料分割直到找到或確定不存在為止。既然是利用鍵值「K」與中間項「Km」做比對，會有三種比較結果：

● 若「K < Km」，表示所要搜尋的項目位於數列前半部。

● 若「K = Km」表示即為所求。

● 若「K > Km」，表示所要搜尋的項目位於數列後半部。

假設存在已排序數列5、13、18、24、35、56、89、101、118、123、157，若搜尋值為101，要如何搜尋？

首先利用公式「mid = (low + high) // 2」求得數列的中間項為「(0 + 10) // 2 = 5」（取得整數商），也就是串列的第6筆紀錄「Ary[5] = 56」；由於搜尋值101大於56，因此向數列的右邊繼續搜尋。

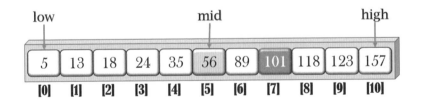

繼續把數列右邊做分割；同樣算出「mid = (6 + 10) // 2 = 8」，為「Ary[8] = 118」；由於搜尋值101小於118，「high = 8 - 1 = 7」，繼續往數列的左邊查找。

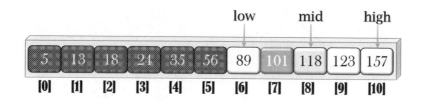

第三次搜尋，算出中間項「(6 + 7) // 2 = 6」，得到「Ary[6] = 89」，中間項等於「low」；搜尋值101大於89，繼續向右查找。

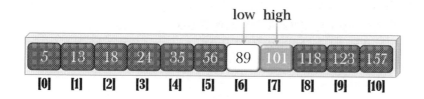

「low = 6 + 1 = 7」，中間項「(7 + 7) // 2 = 7」，中間項等於「low」也等於「high」，表示找到搜尋值101了。

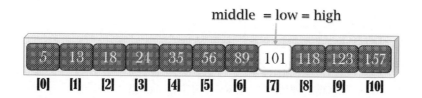

二元搜尋法的搜尋過程把它轉換為二元搜尋樹會更清楚。

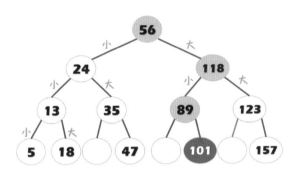

二元搜尋樹查找key

【二元搜尋法】

```
01  def searchBinary(target, Ary, low, high):
02      mid = (low + high) // 2
03      if target == Ary[mid]:
04          return mid
05      elif target < Ary[mid]:
06          return searchBinary(target, Ary, low, mid - 1)
07      else:
08          return searchBinary(target, Ary, mid + 1, high)
```

【程式碼解析】

● 定義函式searchBinary()，傳入4個參數：搜尋值（target）、List物件（Ary）、設定搜尋的開頭（low）和結尾（high），並以遞迴呼叫本身來繼續搜尋。

● 第3～8行：當取出的中間項等於欲搜尋Key，表示找到了；第二種情形「key < 中間項」，搜尋的值小於中間項，向左邊移動，遞迴呼叫本身函數；第三種情形「key > 中間項」，搜尋的值大於中間項，向右邊移動，遞迴呼叫本身函數。

■ 二元搜尋法分析

● 時間複雜度：二分搜尋法每次搜尋時，都會將搜尋區間分為一半。若有 N 筆資料，在最差情況下，下一次搜尋範圍就可以縮減為前一次搜尋範圍的一半，二分搜尋法總共需要比較$[\log_2 n]+1$次，時間複雜度為$O(\log n)$。

● 二分法必須事先經過排序，且資料量必須能直接在記憶體中執行，此法較適合不會再進行插入與刪除動作的靜態資料。

　　以下程式範例將設計一Python程式，以亂數產生由小到大50個整數，並實作二分搜尋法的過程與步驟。

【範例程式：**search.py**】二分搜尋法

```
01  import random
02
03  def bin_search(data,val):
04      low=0
05      high=49
06      while low <= high and val !=-1:
07          mid=int((low+high)/2)
08          if val<data[mid]:
09              print('%d 介於位置 %d[%3d]及中間值 %d[%3d]，找左半邊' \
10                  %(val,low+1,data[low],mid+1,data[mid]))
11              high=mid-1
12          elif val>data[mid]:
13              print('%d 介於中間值位置 %d[%3d] 及 %d[%3d]，找右半邊' \
14                  %(val,mid+1,data[mid],high+1,data[high]))
15              low=mid+1
16          else:
17              return mid
18      return -1
19
```

```
20 val=1
21 data=[0]*50
22 for i in range(50):
23     data[i]=val
24     val=val+random.randint(1,5)
25
26 while True:
27     num=0
28     val=int(input('請輸入搜尋鍵值，輸入-1結束：'))
29     if val ==-1:
30         break
31     num=bin_search(data,val)
32     if num==-1:
33         print('##### 沒有找到[%3d] #####' %val)
34     else:
35         print('在第 %2d個位置找到 [%3d]' %(num+1,data[num]))
36
37 print('資料內容：')
38 for i in range(5):
39     for j in range(10):
40         print('%3d-%-3d' %(i*10+j+1,data[i*10+j]), end='')
41     print()
```

【執行結果】

```
請輸入搜尋鍵值，輸入-1結束：35
35 介於位置 1[   1]及中間值 25[ 72]，找左半邊
35 介於位置 1[   1]及中間值 12[ 38]，找左半邊
35 介於中間值位置 6[ 18] 及 11[ 35]，找右半邊
35 介於中間值位置 9[ 27] 及 11[ 35]，找右半邊
35 介於中間值位置 10[ 32] 及 11[ 35]，找右半邊
在第 11個位置找到 [ 35]
請輸入搜尋鍵值，輸入-1結束：-1
資料內容：
 1-1     2-4     3-8     4-11    5-15    6-18    7-21    8-22    9-27   10-32
11-35   12-38   13-39   14-40   15-41   16-43   17-44   18-47   19-51   20-55
21-59   22-64   23-66   24-71   25-72   26-75   27-78   28-83   29-84   30-89
31-92   32-94   33-96   34-98   35-100  36-103  37-107  38-111  39-112  40-113
41-116  42-121  43-124  44-126  45-129  46-134  47-135  48-137  49-138  50-142
```

CHAPTER

12

【程式碼解析】

● 第3～18行：二分搜尋法的函數。

● 第26～35行：進行二分搜尋法的主要程式段落，當要判別用二分搜尋法是否找到資料時，再呼叫二分搜尋法的函數。

● 第38～41行：輸出原始資料。

本章課後習題

一、選擇題

1.(　) 下列哪一個排序法又稱為交換排序法？

    (A) 氣泡排序法

    (B) 基數排序法

    (C) 合併排序法

    (D) 快速排序法

2.(　) 下列哪一個搜尋法又稱為線性搜尋法？

    (A) 快速搜尋法

    (B) 二分搜尋法

    (C) 費氏搜尋法

    (D) 循序搜尋法

3.(　) 下列哪一個排序法又稱為分割交換排序法？

    (A) 氣泡排序法

    (B) 基數排序法

    (C) 合併排序法

    (D) 快速排序法

4.(　) 關於排序及搜尋的描述何者有誤？

    (A) 用以排序的依據，我們稱為鍵（key）

(B) 搜尋（search）指的是從資料檔案中找出滿足某些條件的紀錄之動作

(C) 快速排序法又稱分割排序法

(D) 在氣泡排序法加入崗哨，可以提前中斷程式，來增加程式執行效能。

5.(　) 下列哪一種程式語言具備遞迴功能？

(A) Java

(B) C/C++

(C) Python

(D) 以上皆具備遞迴功能

二、問答與實作題

1. 試簡述二分搜尋法的核心演算邏輯。

2. 試簡述快速排序法的核心演算邏輯。

3. 請從計算機領域的觀點去定義演算法。

4. 請說明分治法（divide and conquer）的核心演算邏輯。

5. 遞迴它至少要符合哪兩個定義條件？

6. 什麼是費伯那序列，請舉例說明之。

7. 以下程式的執行結果為何？

```python
def fib(n):
    if n==0 :
        return 0
    elif n==1 or n==2:
        return 1
    else:
        return (fib(n-1)+fib(n-2))

n=12
print(fib(n))
```

8. 以下程式的執行結果為何？

```
def myfac(i):
    if i==0:
        return 1
    else:
        ans=i * myfac(i-1)
        return ans

for i in range(1,5):
    print(myfac(i))
```

國家圖書館出版品預行編目(CIP)資料

Python程式設計的12堂必修課／數位新知著.
　-- 初版. -- 臺北市：五南圖書出版股份有
限公司, 2024.03
　面；　公分
　ISBN 978-626-393-059-9(平裝)

1.CST: Python(電腦程式語言)

312.32P97　　　　　　　　113001413

5R65

Python程式設計的12堂必修課

作　　者 ― 數位新知（526）

發 行 人 ― 楊榮川

總 經 理 ― 楊士清

總 編 輯 ― 楊秀麗

副總編輯 ― 王正華

責任編輯 ― 張維文

封面設計 ― 姚孝慈

出 版 者 ― 五南圖書出版股份有限公司

地　　址：106台北市大安區和平東路二段339號4樓

電　　話：(02)2705-5066　傳　　真：(02)2706-6100

網　　址：https://www.wunan.com.tw

電子郵件：wunan@wunan.com.tw

劃撥帳號：０１０６８９５３

戶　　名：五南圖書出版股份有限公司

法律顧問　林勝安律師

出版日期　２０２４年３月初版一刷

定　　價　新臺幣５５０元

經典永恆・名著常在

五十週年的獻禮——經典名著文庫

五南，五十年了，半個世紀，人生旅程的一大半，走過來了。

思索著，邁向百年的未來歷程，能為知識界、文化學術界作些什麼？

在速食文化的生態下，有什麼值得讓人雋永品味的？

歷代經典・當今名著，經過時間的洗禮，千錘百鍊，流傳至今，光芒耀人；

不僅使我們能領悟前人的智慧，同時也增深加廣我們思考的深度與視野。

我們決心投入巨資，有計畫的系統梳選，成立「經典名著文庫」，

希望收入古今中外思想性的、充滿睿智與獨見的經典、名著。

這是一項理想性的、永續性的巨大出版工程。

不在意讀者的眾寡，只考慮它的學術價值，力求完整展現先哲思想的軌跡；

為知識界開啟一片智慧之窗，營造一座百花綻放的世界文明公園，

任君遨遊、取菁吸蜜、嘉惠學子！